高校入試

出るナビ

数学

Gakken

は じ め に

受験生のみなさんは，日々忙しい中学生活と，入試対策の勉強を両立しながら，志望校合格を目指して頑張っていると思います。

志望校に合格するための最も効果的な勉強法は，入試でよく出題される内容を集中的に学習することです。

そこで，入試の傾向を分析して，短時間で効果的に「入試に出る要点や内容」がつかめる，ポケットサイズの参考書を作りました。この本では，入試で得点アップを確実にするために，中学全範囲の学習内容が理解しやすいように整理されています。覚えるべきポイントは確実に覚えられるように，ミスしやすいポイントは注意と対策を示すといった工夫をしています。また，付属の赤フィルターがみなさんの理解と暗記をサポートします。

表紙のお守りモチーフには，毎日忙しい受験生のみなさんにお守りのように携えてもらって，いつでもどこでも活用してもらい，学習をサポートしたい！　という思いを込めています。この本に取り組んだあなたの努力が実を結ぶことを心から願っています。

出るナビ編集チーム一同

出るナビシリーズの特長

高校入試に出る要点が
ギュッとつまったポケット参考書

　項目ごとの見開き構成で，入試によく出る要点や内容をしっかりおさえています。コンパクトサイズなので，入試準備のスタート期や追い込み期，入試直前の短期学習まで，いつでもどこでも入試対策ができる，頼れる参考書です。

見やすい紙面と赤フィルターで
いつでもどこでも要点チェック

　シンプルですっきりした紙面で，要点がしっかりつかめます。また，最重要の用語やポイントは，赤フィルターで隠せる仕組みになっているので，要点が身についているか，手軽に確認できます。

こんなときに
出るナビが使える！

持ち運んで，好きなタイミングで勉強しよう！　出るナビは，いつでも頼れるあなたの入試対策のお守りです！

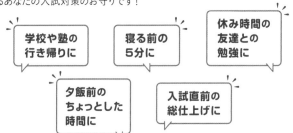

この本の使い方

赤フィルターを のせると消える!

最重要用語や要点は、赤フィルターで隠して確認できます。確実に理解できているかを確かめよう!

---

④ 第1章 数と式　1年 2年 3年

いろいろな式の計算

☑ **いろいろな式の計算**

(1)**(数)×(多項式)の加減** … 分配法則でかっこをはずし、同類項をまとめる。

例 $3(a+2b)+2(4a-5b)$

$=3a+6b+8a-10b=11a-4b$

分配法則

(2)**分数の形の式の加減** … 通分し、1つの分数の形にして計算する。

例 $\dfrac{2x-1}{3}-\dfrac{x+2}{4}=\dfrac{4(2x-1)-3(x+2)}{12}$

かっこをつける

$=\dfrac{8x-4-3x-6}{12}=\dfrac{5x-10}{12}$

☑ **単項式と多項式の乗法・除法**

(1)**(単項式)×(多項式)** … 分配法則を使って、単項式を多項式の各項にかける。

例 $2x(x+y+1)=2x^2+2xy+2x$

$2x \times y$　$2x \times 1$

(2)**(多項式)÷(単項式)** … 多項式の各項を単項式でわる。

例 $(2a^2+6ab)\div 2a$

$=\dfrac{2a^2}{2a}+\dfrac{6ab}{2a}$

$=a+3b$

参考 $(2a^2+6ab)\times\dfrac{1}{2a}$ として、多項式の各項に逆数をかける形にしてもよい。

16

数学の特長

◎ 入試に出る公式・要点を簡潔にまとめてあります。

◎「入試に出る実戦例題解法」では、出題パターンや解法のポイントをつかめます。

注意 間違えやすい内容や、押さえておきたいポイントを解説しています。

参考 関連する学習内容や、知っておくと役立つ情報を解説しています。

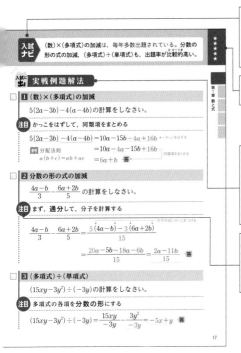

入試
ナビ

(数)×(多項式)の加減は、毎年多数出題されている。分数の形の式の加減、(多項式)÷(単項式)も、出題率が比較的高い。

★★★★★★

実戦例題解法

■ (数)×(多項式)の加減

$5(2a-3b)-4(a-4b)$ の計算をしなさい。

注目 かっこをはずして、同類項をまとめる

$5(2a-3b)-4(a-4b)=10a-15b-4a+16b$ ←かっこをはずす

参考 分配法則　　　　　　　　　　$=10a-4a-15b+16b$ 同類項をまとめる
$a(b+c)=ab+ac$ 　　　　　　　　 $=6a+b$ **答**

■ 分数の形の式の加減

$\dfrac{4a-b}{3}-\dfrac{6a+2b}{5}$ の計算をしなさい。

注目 まず、通分して、分子を計算する

$\dfrac{4a-b}{3}-\dfrac{6a+2b}{5}=\dfrac{5(4a-b)-3(6a+2b)}{15}$ 分子の式に、かっこをつける

$=\dfrac{20a-5b-18a-6b}{15}=\dfrac{2a-11b}{15}$ **答**

■ (多項式)÷(単項式)

$(15xy-3y^2)\div(-3y)$ の計算をしなさい。

注目 多項式の各項を分数の形にする

$(15xy-3y^2)\div(-3y)=\dfrac{15xy}{-3y}-\dfrac{3y^2}{-3y}=-5x+y$ **答**

17

入試
ナビ

入試で問われやすい内容や、その対策などについてアドバイスしています。

☆の数は、入試における重要度を表しています。

実戦例題解法

入試で問われやすい内容を、実戦に近い問題形式で確かめられます。

注目 問題を解くためのポイントが簡潔にまとまっており、ひと目で確認・インプットできます。

直前 公式
チェックで
入試直前もバッチリ！

入試直前の短時間でも、パッと見て公式を確かめられるページもあります。

もくじ

が暗記アプリでも使える!

ページ画像データをダウンロードして,
スマホでも「高校入試出るナビ」を使ってみよう!

||||||||| 暗記アプリ紹介&ダウンロード 特設サイト |||||||||

スマホなどで赤フィルター機能が使える便利なアプリを紹介します。下記のURL,または右の二次元コードからサイトにアクセスしよう。自分の気に入ったアプリをダウンロードしてみよう!

Webサイト https://gakken-ep.jp/extra/derunavi_appli/

「ダウンロードはこちら」にアクセスすると,上記のサイトで紹介した赤フィルターアプリで使える,この本のページ画像データがダウンロードできます。使用するアプリに合わせて必要なファイル形式のデータをダウンロードしよう。

※データのダウンロードにはGakkenIDへの登録が必要です。

ページデータダウンロードの手順

① アプリ紹介ページの「ページデータダウンロードはこちら」にアクセス。

② Gakken IDに登録しよう。

③ 登録が完了したら,この本のダウンロードページに進んで,
下記の『書籍識別ID』と『ダウンロード用PASS』を入力しよう。

④ 認証されたら,自分の使用したいファイル形式のデータを選ぼう!

書籍識別 ID	nyushi_ma
ダウンロード用 PASS	cL3aECxh

〈注 意〉
◎ダウンロードしたデータは,アプリでの使用のみに限ります。第三者への流布,公衆への送信は著作権法上,禁じられています。◎アプリの操作についてのお問い合わせは,各アプリの運営会社へお願いいたします。◎お客様のインターネット環境および携帯端末によりアプリをご利用できない場合や,データをダウンロードできない場合,当社は責任を負いかねます。ご理解,ご了承いただきますよう,お願いいたします。◎サイトアクセス・ダウンロード時の通信料はお客様のご負担になります。

正負の数の基本計算

☑ **正負の数の加法・減法**

(1)同符号の2数の和 … 絶対値の和に**共通**の符号をつける。

例 $(-3)+(-2)=\underset{\text{絶対値の和}}{\underbrace{-}}\overset{\text{共通の符号}}{(3+2)}=-5$

(2)異符号の2数の和 … 絶対値の**差**に，絶対値の**大きい**ほうの符号をつける。

例 $(+2)+(-5)=\underset{\text{絶対値の差}}{-\overset{\text{絶対値の大きいほうの符号}}{(5-2)}}=-3$

(3)正負の数の減法 … ひく数の符号を変えて**加法**になおす。

例 $(-2)-(+3)\overset{\text{加法になおす}}{=}(-2)\underset{\text{符号を変える}}{+(-3)}=-5$

☑ **正負の数の乗法・除法**

(1)同符号の2数の積(商) … 絶対値の**積(商)**に**+**の符号をつける。

例 $(-3)\times(-2)=\underline{+}(3\times2)=6$ ← 「+」は省略してよい

(2)異符号の2数の積(商) … 絶対値の**積(商)**に**−**の符号をつける。

例 $(-6)\div(+2)=-(6\div2)=-3$

(3) 3つ以上の数の積(商)の符号 … 負の数が $\begin{cases}\text{偶数個}\cdots\textbf{+}\\\text{奇数個}\cdots\textbf{−}\end{cases}$

例 $(-3)\times(-2)\times(-4)=-(3\times2\times4)=-24$

負の数が3個(奇数個)

入試ナビ 2数の加減・乗除を中心に，3数以上の計算も出題される。
分数の計算も多いので，通分や約分に注意しよう。

★★★
★★★
★

入試に出る 実戦例題解法

☑ **1 3つ以上の数の加減**

次の計算をしなさい。

(1) $-4-(-6)+(-3)$

(2) $\dfrac{5}{6}-\left(-\dfrac{1}{2}\right)-\left(+\dfrac{1}{3}\right)$

注目 かっこのない式になおしてから計算

(1) $-4-(-6)+(-3)=-4+6-3$ ← かっこをはずす

$\qquad\qquad\qquad\quad =6-4-3$

$\qquad\qquad\qquad\quad =-1$ 答

参考 かっこのはずし方

$+(+\square)=+\square$
$+(-\square)=-\square$
$-(+\square)=-\square$
$-(-\square)=+\square$

(2) $\dfrac{5}{6}-\left(-\dfrac{1}{2}\right)-\left(+\dfrac{1}{3}\right)=\dfrac{5}{6}+\dfrac{1}{2}-\dfrac{1}{3}$

$\qquad\qquad\qquad\qquad\quad =\dfrac{5}{6}+\dfrac{3}{6}-\dfrac{2}{6}$

$\qquad\qquad\qquad\qquad\quad =1$ 答

☑ **2 乗除の混じった計算**

$\dfrac{3}{4}\div\left(-\dfrac{9}{10}\right)\times\dfrac{8}{5}$ の計算をしなさい。

注目 除法を，逆数を使って乗法になおしてから計算

$\dfrac{3}{4}\div\left(-\dfrac{9}{10}\right)\times\dfrac{8}{5}=\dfrac{3}{4}\times\left(-\dfrac{10}{9}\right)\times\dfrac{8}{5}$ ← 逆数をかける

$\qquad\qquad\qquad\qquad =-\left(\dfrac{3}{4}\times\dfrac{10}{9}\times\dfrac{8}{5}\right)=-\dfrac{4}{3}$ 答

↑ 負の数の個数で符号を決める

2 正負の数のいろいろな計算

☑ 累乗の計算

(1) 累乗の指数と計算 … 何を何個かけ合わせるのかを考える。

> 例 $(-2)^2 = (-2) \times (-2) = 4$
> 　　└ 負の数-2の2乗

> 例 $-2^2 = -(2 \times 2) = -4$
> 　　└ 2^2に負の符号がついたもの

(2) 負の数の累乗の符号 … 指数が
- **偶数**…符号は $+$
- **奇数**…符号は $-$

> 例 $(-2)^3 = (-2) \times (-2) \times (-2) = -8$
> 　　└ 指数が奇数→負の数が奇数個

☑ 四則の混じった計算と分配法則

(1) 計算の順序 … かっこの中，累乗 ➡ 乗除 ➡ 加減の順に計算する。

> 例 $5 + (1-7) \div 2 = 5 + (-6) \div 2 = 5 + (-3) = 2$
> 　　　　①かっこの中　　　②除法　　　③加法

(2) 分配法則 … $(a+b) \times c = a \times c + b \times c$

> 例 $\left(2 - \dfrac{2}{3}\right) \times 6 = 2 \times 6 - \dfrac{2}{3} \times 6$
> 　　　　　　$= 12 - 4 = 8$

☑ 数の集合と四則計算

(1) 自然数，整数，数のそれぞれの集合で四則の計算を考えると，右の表のようになる。

○…その集合で，いつでも計算できる。
×…その集合で，いつでも計算できるとは限らない。
（0でわる場合は除く。）

	加法	減法	乗法	除法
自然数	○	×	○	×
整数	○	○	○	×
数	○	○	○	○

入試
ナビ

四則の混じった**計算問題**の出題は非常に多い。計算の順序や符号のミスに気をつけよう。累乗の計算にも注意！

★★★★
★★★★

実戦例題解法

☑ **1** 累乗の計算

$-2^3 \times (-3)^2$ の計算をしなさい。

注目 何を何個かけ合わせるのかを考える

$-2^3 \times (-3)^2 = -\underbrace{(2 \times 2 \times 2)}_{2^3 \text{に負の符号がついたもの}} \times (-3) \times (-3)$

$= -8 \times 9$

$= -72$ **答**

☑ **2** 四則の混じった計算

次の計算をしなさい。

(1) $\dfrac{3}{4} \times (-8) + (-6)^2 \div 3$

(2) $12 \times \left(\dfrac{3}{4} - \dfrac{1}{3} \right)$

注目 まず，**累乗**を計算

$$\dfrac{3}{4} \times (-8) + \underset{\text{累乗}}{(-6)^2} \div 3$$

$$= \dfrac{3}{4} \times (-8) + \underset{\text{除法}}{36 \div 3}$$

$$\underset{\text{乗法}}{}$$

$$= \underset{\text{加法}}{-6 + 12}$$

$$= 6 \quad \text{答}$$

注目 分配法則を利用
$a \times (b+c) = a \times b + a \times c$

$$12 \times \left(\dfrac{3}{4} - \dfrac{1}{3} \right)$$

$$\underset{\text{分配法則}}{}$$

$$= 12 \times \dfrac{3}{4} - 12 \times \dfrac{1}{3}$$

$$\underset{\text{乗法}}{} \quad \underset{\text{乗法}}{}$$

$$= \underset{\text{減法}}{9 - 4}$$

$$= 5 \quad \text{答}$$

3 式の計算の基本

☑ 単項式の加法・減法

(1)単項式の加減 … <u>同類項</u>をまとめる。
　　　　　　　　└ 文字の部分が同じ項

$$例 \quad \underset{\wedge\wedge\wedge\wedge\wedge\wedge}{3a+7b+2a-5b} = 3a+2a+7b-5b \quad ←同類項を集める$$
$$= (3+2)a+(7-5)b \quad \genfrac{}{}{0pt}{}{←係数どうしを}{計算する}$$
$$= 5a+2b ←$$

☑ 単項式の乗法・除法

(1)単項式の乗法 … 係数の積に文字の積をかける。

$$例 \quad 3a\times 2ab = 3\times 2\times a\times a\times b = 6a^2b$$

(2)単項式の除法 … <u>分数</u>の形にして約分するか，逆数をかける形にして計算する。

$$例 \quad 12xy\div 4y = \frac{12xy}{4y} = \frac{\overset{3}{\cancel{12}}\times x\times \overset{1}{\cancel{y}}}{\underset{1}{\cancel{4}}\times \underset{1}{\cancel{y}}} = 3x$$

☑ 多項式の加法・減法

(1)多項式の加減 … <u>かっこをはずして，同類項をまとめる。</u>

　+（　）… **そのまま**かっこをはずす。

　−（　）… **各項の<u>符号</u>を変えて**かっこをはずす。

$$例 \quad (3a+2b)+(a-b) = 3a+2b+a-b$$
$$= 4a+b$$
$$例 \quad (3a+2b)-(a-b) = 3a+2b-a+b$$
$$= 2a+3b \quad \genfrac{}{}{0pt}{}{←各項の符号を変えて}{かっこをはずす}$$

入試ナビ 単項式の乗除の混じった計算がよく出題される。多項式の加減では，減法の出題が多い。

入試に出る 実戦例題解法

☑ 1 単項式の乗除の混じった計算

次の計算をしなさい。

(1) $6x^2 \div (-3x) \times (2x)^2$

(2) $8x^2 \times \left(-\dfrac{3}{4}xy\right) \div \dfrac{6}{7}x^2y$

注目 乗法だけの式になおし，分数の形にまとめて約分

$$6x^2 \div (-3x) \times \underset{\downarrow \text{累乗}}{(2x)^2}$$

$$= 6x^2 \div \underset{\downarrow \text{逆数をかける}}{(-3x)} \times 4x^2$$

$$= 6x^2 \times \left(-\frac{1}{3x}\right) \times 4x^2$$

$$= \underset{\uparrow \text{符号を決める}}{-}\frac{6x^2 \times 1 \times 4x^2}{3x}$$

$$= -8x^3 \ \text{答}$$

$$8x^2 \times \left(-\frac{3}{4}xy\right) \div \frac{6}{7}x^2y$$

$$= 8x^2 \times \left(-\frac{3}{4}xy\right) \times \underset{\uparrow \text{逆数をかける}}{\frac{7}{6x^2y}}$$

$$= \underset{\uparrow \text{符号を決める}}{-}\frac{8x^2 \times 3xy \times 7}{4 \times 6x^2y}$$

$$= -7x \ \text{答}$$

注意 $\dfrac{6}{7}x^2y = \dfrac{6x^2y}{7}$ として逆数を考える。

☑ 2 多項式の加減

$(3x+5y)-(x+6y)$ の計算をしなさい。

注目 かっこのはずし方に注意!

$$(3x+5y)-(x+6y) = 3x+5y-x-6y$$

$$= 2x-y \ \text{答} \quad \text{各項の符号を変えてかっこをはずす}$$

4 いろいろな式の計算

☑ いろいろな式の計算

(1) **(数)×(多項式)の加減**…**分配法則**でかっこをはずし，**同類項**（どうるいこう）をまとめる。

例 $3(a+2b)+2(4a-5b)$

　　　↓分配法則

$=3a+6b+8a-10b=11a-4b$

(2) **分数の形の式の加減**…**通分**し，**1つの分数の形**にして計算する。

例 $\dfrac{2x-1}{3}-\dfrac{x+2}{4}=\dfrac{4(2x-1)-3(x+2)}{12}$　　←かっこをつける

$=\dfrac{8x-4-3x-6}{12}=\dfrac{5x-10}{12}$

☑ 単項式と多項式の乗法・除法

(1) **(単項式)×(多項式)**…**分配法則**を使って，単項式を多項式の各項にかける。

例 $2x(x+y+1)=2x^2+2xy+2x$

　①$2x\times x$　②$2x\times y$　③$2x\times 1$

(2) **(多項式)÷(単項式)**…多項式の各項を**単項式**でわる。

例 $(2a^2+6ab)\div 2a$

$=\dfrac{2a^2}{2a}+\dfrac{6ab}{2a}$

参考 $(2a^2+6ab)\times\dfrac{1}{2a}$ として，多項式の各項に逆数をかける形にしてもよい。

$=a+3b$

入試ナビ (数)×(多項式)の加減は，毎年多数出題されている。分数の形の式の加減，(多項式)÷(単項式)も，出題率が比較的高い。

★★★
★★★
★★★

入試に出る 実戦例題解法

☑ 1 (数)×(多項式)の加減

$5(2a-3b)-4(a-4b)$ の計算をしなさい。

注目 かっこをはずして，同類項をまとめる

$5(2a-3b)\underline{-4(a-4b)}=10a-15b-4a+16b$ ← かっこをはずす

参考 分配法則
$a(b+c)=ab+ac$

$=10a-4a-15b+16b$
$=6a+b$ **答** ← 同類項をまとめる

☑ 2 分数の形の式の加減

$\dfrac{4a-b}{3}-\dfrac{6a+2b}{5}$ の計算をしなさい。

注目 まず，**通分**して，分子を計算する

分子の式にかっこをつける

$\dfrac{4a-b}{3}-\dfrac{6a+2b}{5}=\dfrac{5(4a-b)-3(6a+2b)}{15}$

$=\dfrac{20a-5b-18a-6b}{15}=\dfrac{2a-11b}{15}$ **答**

☑ 3 (多項式)÷(単項式)

$(15xy-3y^2)\div(-3y)$ の計算をしなさい。

注目 多項式の各項を**分数の形**にする

$(15xy-3y^2)\div(-3y)=\dfrac{15xy}{-3y}-\dfrac{3y^2}{-3y}=-5x+y$ **答**

5 式の展開

☑ 多項式と多項式の乗法

(1)展開の基本公式

$$(a+b)(c+d)=ac+ad+bc+bd$$

$$\underset{①}{ac}\quad\underset{②}{ad}\quad\underset{③}{bc}\quad\underset{④}{bd}$$

例 $(x+2)(y+3)=xy+3x+2y+6$

☑ 乗法公式

(1) $x+a$ と $x+b$ の積 … $(x+a)(x+b)=x^2+(a+b)x+ab$

例 $(x+2)(x+3)=x^2+(2+3)x+2\times3$
$$\qquad\qquad\qquad\;=x^2+5x+6$$

(2)和の平方 … $(x+a)^2=x^2+2ax+a^2$

例 $(x+4)^2=x^2+2\times4\times x+4^2$
$$\qquad\quad\;=x^2+8x+16$$

(3)差の平方 … $(x-a)^2=x^2-2ax+a^2$

例 $(x-3)^2=x^2-2\times3\times x+3^2$
$$\qquad\quad\;=x^2-6x+9$$

(4)和と差の積 … $(x+a)(x-a)=x^2-a^2$

例 $(x+2)(x-2)=x^2-2^2$
$$\qquad\qquad\qquad\;=x^2-4$$

入試ナビ 乗法公式を単独で使う問題よりも，それらを**組み合わせて加減する**問題の出題が多い。

★★★
★★★
★★☆

入試に出る 実戦例題解法

☑ **1** 文字が2つある計算

$(3x-5y)^2$ の計算をしなさい。

注目 各項を1つの文字と考える

$$(3x-5y)^2 = (3x)^2 - 2 \times 5y \times 3x + (5y)^2$$
$$= 9x^2 - 30xy + 25y^2 \quad \boxed{答}$$

☑ **2** 式の四則混合計算

次の計算をしなさい。

(1) $(x+6)^2 - (x+4)(x-3)$

(2) $(2x+3)(2x-3) - (x-5)^2$

注目 乗法部分を展開して，同類項（どうるいこう）をまとめる

(1) $(x+6)^2 - (x+4)(x-3)$

　　$(x+a)^2 = x^2+2ax+a^2$　　$(x+a)(x+b) = x^2+(a+b)x+ab$

$$= x^2 + 12x + 36 - (x^2 + x - 12) \longleftarrow$$ **参考** ひく式には
かっこをつける。
$$= x^2 + 12x + 36 - x^2 - x + 12 = 11x + 48 \quad \boxed{答}$$

(2) $(2x+3)(2x-3) - (x-5)^2$

　　$(x+a)(x-a) = x^2-a^2$　　$(x-a)^2 = x^2-2ax+a^2$

$$= 4x^2 - 9 - (x^2 - 10x + 25)$$
$$= 4x^2 - 9 - x^2 + 10x - 25 = 3x^2 + 10x - 34 \quad \boxed{答}$$

6 因数分解

☑ 因数分解

(1)共通因数の利用 … 多項式の各項に**共通な因数**があるときは，それを**かっこの外にくくり出す。**

例 $ax - 5ay = \underline{a} \times x - \underline{a} \times 5y = \underline{a}(x - 5y)$

例 $6x^2 + 2xy = \underline{2x} \times 3x + \underline{2x} \times y$ ↑共通因数

$\qquad = \underline{2x(3x + y)}$

☑ 因数分解の公式

(1) $\boldsymbol{x^2 + (a+b)x + ab} = \underline{(x+a)(x+b)}$ ← $x+a$ と $x+b$ の積

例 $x^2 + 5x + 6$ 和が 5，積が 6 となる 2 数をさがす

$= x^2 + (\underline{2} + \underline{3})x + \underline{2} \times \underline{3} = (x + \underline{2})(x + \underline{3})$

(2) $\boldsymbol{x^2 + 2ax + a^2} = \underline{(x+a)^2}$ ← 和の平方

例 $x^2 + \underline{6}x + 9 = x^2 + 2 \times 3 \times x + 3^{\underline{2}}$

$\qquad = (x + \underline{3})^2 \qquad \left(\frac{6}{2}\right)^2$

(3) $\boldsymbol{x^2 - 2ax + a^2} = \underline{(x-a)^2}$ ← 差の平方

例 $x^2 - \underline{8}x + 16 = x^2 - 2 \times 4 \times x + 4^{\underline{2}}$

$\qquad = (x - \underline{4})^2 \qquad \left(\frac{8}{2}\right)^2$

(4) $\boldsymbol{x^2 - a^2} = \underline{(x+a)(x-a)}$ ← 和と差の積

例 $x^2 - 36 = x^2 - 6^{\underline{2}}$

$\qquad = (x + \underline{6})(x - \underline{6})$

入試ナビ 乗法公式を逆向きに利用することで因数分解の公式となる。この2つを対にして，正確に覚えておこう。

★★★
★★
★
★

入試に出る 実戦例題解法

☑ **1 因数分解**

次の式を因数分解しなさい。

(1) $20x^2+8xy+24x$

注目 共通因数をくくり出す

$$20x^2+8xy+24x$$
$$=4x\times 5x+4x\times 2y$$
$$\qquad +4x\times 6$$
$$=4x(5x+2y+6) \quad \text{答}$$

↑
共通因数

(2) x^2+x-12

注目 $x^2+(a+b)x+ab$
$= (x+a)(x+b)$

$$x^2+x-12$$
$$=x^2+\{4+(-3)\}x$$
$$\qquad +4\times(-3) \leftarrow$$

積が負の数になるのは，
一方が負の数のとき

$$=(x+4)(x-3) \quad \text{答}$$

(3) $x^2-16xy+64y^2$

注目 $x^2-2ax+a^2$
$= (x-a)^2$

$$x^2-16xy+64y^2$$
↳ $8^2\times y^2$
$$=x^2-2\times 8y\times x+(8y)^2$$
$$=(x-8y)^2 \quad \text{答}$$

(4) $4x^2-9$

注目 x^2-a^2
$= (x+a)(x-a)$

$$4x^2-9$$
↳係数が 2^2 なので，公式を利用
$$=(2x)^2-3^2$$
$$=(2x+3)(2x-3) \quad \text{答}$$

7 いろいろな因数分解，素因数分解

☑ いろいろな因数分解

(1)共通因数がある式 … 共通因数をくくり出してから，因数分解の公式を利用する。

例 $2x^2-4x-30 = \underset{\text{共通因数をくくり出す}}{2}(x^2-2x-15)$ — かっこの中を因数分解

$\qquad = 2(x+3)(x-5)$

(2)共通部分がある式 … 共通部分を**1つの文字**におきかえる。

例 $(a+b)^2+4(a+b)-12$ — $a+b$ を M におきかえる

$= M^2+4M-12$ — 因数分解の公式を利用

$= (M-2)(M+6)$ — M を $a+b$ にもどす

$= (a+b-2)(a+b+6)$

(3)複雑な因数分解 … 式を展開し，整理してから因数分解する。

例 $(x+4)(x-7)-12$ — 乗法の部分を展開

$= x^2-3x-28-12$ — 整理

$= x^2-3x-40$ — 因数分解

$= (x+5)(x-8)$

☑ 素因数分解

(1)素因数分解 … 自然数を**素因数の積**で表すこと。

例 90の素因数分解

①わり切れる素数で順にわっていく。

②商が素数になったらやめる。

③わった素数と最後の商の積の形で表す。

$$
\begin{array}{r}
2\,)\ 90 \\
3\,)\ 45 \\
3\,)\ 15 \\
\hline
5
\end{array}
$$

➡ $90 = 2 \times 3^2 \times 5$

同じ数の積は累乗の指数で表す

入試ナビ　因数分解は，例年さまざまなパターンの問題が出題されている。式の変形に十分慣れておくこと。

入試に出る 実戦例題解法

☑ 1 共通因数がある式の因数分解

$4x^2-100$ を因数分解しなさい。

注目　まず，**共通因数をくくり出し**，かっこの中を因数分解

$$4x^2-100=\underset{\text{共通因数をくくり出す}}{4}(x^2-25)=4(x+5)(x-5)\quad \text{答}$$

└ **注意** 因数分解できるときは，さらに続ける。

☑ 2 複雑な因数分解

$(x+3y)(x-3y)+8xy$ を因数分解しなさい。

注目　まず，**乗法の部分を展開し**，整理して因数分解

$$
\begin{aligned}
(x+3y)(x-3y)+8xy&=\overset{\text{乗法の部分を展開する}}{(x^2-9y^2)}+8xy \quad\text{\small }ax^2+bx+c\\
&=x^2+8xy-9y^2 \quad\text{\small の形に整理}\\
&=(x-y)(x+9y)\quad \text{答} \quad\text{\small 因数分解}
\end{aligned}
$$

☑ 3 素因数分解の利用

正の整数 n と84との積が，ある整数の2乗になるような最小の n を求めなさい。

注目　まず，84を**素因数分解**

$84=\underset{\text{素因数分解}}{2^2\times3\times7}$ だから，$\underset{\text{指数が偶数になるようにする}}{3\times7}$ をかければよい。

よって，$n=3\times7=21$　答　← $21\times84=2^2\times3^2\times7^2=42^2$ となる

8 式の計算の応用

☑ 文字を使った式

(1)基本的な数量の関係

①代金＝**単価×個数**　②速さ＝**道のり÷時間**

③平均＝**合計÷個数**

④十の位の数が a，一の位の数が b である2けたの自然数

➡ $10a+b$

例　1冊 x 円のノート5冊の代金は，$x×5＝5x$（円）

(2)等式 … 等号**＝**を使って数量の**等しい関係**を表した式。

例 「$2a$ と $7b$ は等しい」➡ $2a＝7b$

(3)不等式 … 不等号を使って数量の**大小関係**を表した式。

例 「$3x-2$ は $5y$ 以上」➡ $3x-2≧5y$

☑ 等式の変形

(1)ある文字について解く … (解く文字)＝～ の形にする。

例　$a+2b＝c$ を b について解く。

$$a+2b＝c \xrightarrow[a を移項]{} 2b＝c-a$$

$$b＝\frac{c-a}{2}$$ ← 両辺を b の係数の2でわる

☑ 代入と式の値

(1)式の値を求める … 式を簡単にしてから代入する。

例　$x＝2$，$y＝-1$ のとき，$3(x-y)-2(x+y)$ の値は，

$$\underbrace{3(x-y)-2(x+y)＝x-5y}_{式を簡単にする}＝\underset{↑代入する}{2-5×(-1)}$$

$$＝7 ← 式の値$$

入試ナビ 文字式を利用した説明はよく出題される。いろいろな数量の関係を文字式で表すことに慣れておこう。

入試に出る 実戦例題解法

☑ 1 文字式の利用

連続する2つの奇数(きすう)の和は4の倍数になることを説明しなさい。

注目 文字式を変形して，**4×(整数)**の形に導く

(説明) 連続する2つの奇数を $2n+1$, $2n+3$ (n は整数)とすると，その和は，

$$(2n+1)+(2n+3)=4n+\underline{4}=4(n+1)$$

$n+1$ は整数だから，$4(n+1)$ は4の倍数である。

☑ 2 等式の変形

$m=3a+b$ を b について解きなさい。

注目 1次方程式を解く要領で，**(解く文字)＝～** の形に変形

$m=3a+b \xrightarrow[\text{入れかえる}]{\text{両辺を}} 3a+b=m \xrightarrow[\text{移項}]{3a を} b=m-3a$ 答

☑ 3 式の値

$x=18$ のとき，$x^2-17x-38$ の値を求めなさい。

注目 式を**因数分解**してから代入

$x^2-17x-38 = \underset{\text{因数分解}}{(x+2)(x-19)} = \underset{x=18 を代入する}{(18+2)(18-19)}$

$$= -20 \text{ 答}$$

9 平方根

☑ 平方根

(1)a の平方根 … 2乗すると a になる数のこと。$+\sqrt{a}$ と $-\sqrt{a}$ の2つある。($a>0$)

> **例** $\dfrac{2}{5}$ の平方根は，$\pm\sqrt{\dfrac{2}{5}}$ ← 正・負の2つあることに注意!

(2)平方根の性質 … a を正の数とするとき，次の式が成り立つ。
$$(\sqrt{a})^2=\underline{a}, \quad (-\sqrt{a})^2=\underline{a}, \quad \sqrt{a^2}=\underline{a}, \quad \sqrt{(-a)^2}=\underline{a}$$

(3)平方根の大小 … a，b が正の数のとき，
$$a<b \text{ ならば，} \sqrt{a}<\sqrt{b}$$

> **例** $\sqrt{2}$ と $\sqrt{3}$ の大小 ➡ $2<3$ だから，$\sqrt{2}<\sqrt{3}$

☑ 有理数と無理数

(1)有理数 … a を整数，b を0でない整数としたとき，$\dfrac{a}{b}$ の形で表すことができる数。

(2)無理数 … 分数で表すことのできない数。

(3)数の分類

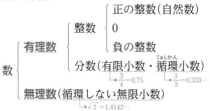

> **例** -7，$\sqrt{6}$，0.9，$\sqrt{16}$ のうち，無理数は $\sqrt{6}$
> $\quad\quad\quad\quad\quad\quad\quad\quad\quad\underset{\underset{4}{\downarrow}}{}$

入試ナビ 平方根の意味や大小は基本なので，確実に理解すること。
有理数・無理数は正しく区別できるようにしておこう。

★★★
★★★

入試に出る 実戦例題解法

1 平方根の性質

次のア～エで，正しいものを1つ選びなさい。

ア　6の平方根は$\sqrt{6}$だけである。

イ　$\sqrt{49}$は7である。

ウ　$\sqrt{15}$は4より大きい。

エ　$\sqrt{(-3)^2}$は無理数である。

注目 aの平方根は，2乗してaになる

ア　6の平方根は$\sqrt{6}$と$-\sqrt{6}$　　イ　$\sqrt{49}=\sqrt{7^2}=7$

ウ　$4=\sqrt{16}$だから，$\sqrt{15}<4$

エ　$\sqrt{(-3)^2}=\sqrt{9}=3$だから，有理数。

よって，正しいものは**イ**　答

2 平方根と整数

$\sqrt{\dfrac{600}{n}}$の値が整数になるような自然数nのうち，最も小さいものを求めなさい。

注目 根号の中の数を**自然数の2乗になる**ようにする

$600=2^3\times3\times5^2$だから，$\dfrac{600}{n}=\dfrac{2^3\times3\times5^2}{n}$
←素因数分解

これが自然数の2乗になるような，最小の自然数nは，

$n=2\times3=6$　**答** ←$\sqrt{\dfrac{600}{6}}=\sqrt{2^2\times5^2}=\sqrt{10^2}=10$となる

10 平方根の計算(1)

☑ **根号をふくむ式の乗法・除法**

(1)乗法… $\sqrt{a} \times \sqrt{b} = \sqrt{ab}$ $(a>0,\ b>0)$

例 $\sqrt{2} \times \sqrt{3} = \sqrt{2 \times 3} = \sqrt{6}$

(2)除法… $\sqrt{a} \div \sqrt{b} = \dfrac{\sqrt{a}}{\sqrt{b}} = \sqrt{\dfrac{a}{b}}$ $(a>0,\ b>0)$

例 $\sqrt{2} \div \sqrt{3} = \dfrac{\sqrt{2}}{\sqrt{3}} = \sqrt{\dfrac{2}{3}}$

☑ **根号がついた数の変形**

(1)$\sqrt{}$ の外の数を $\sqrt{}$ の中へ… $a\sqrt{b} = \sqrt{a^2 b}$ $(a>0,\ b>0)$

例 $2\sqrt{3} = \sqrt{2^2} \times \sqrt{3} = \sqrt{2^2 \times 3} = \sqrt{12}$

(2)$\sqrt{}$ の中の数を $\sqrt{}$ の外へ… $\sqrt{a^2 b} = a\sqrt{b}$ $(a>0,\ b>0)$

例 $\sqrt{28} = \sqrt{2^2 \times 7} = \sqrt{2^2} \times \sqrt{7} = 2\sqrt{7}$

☑ **根号をふくむ式の乗除の混じった計算**

(1)かける数を分子に，わる数を分母にした**1つの分数の形に
して約分する。**

例 $3\sqrt{3} \div \sqrt{5} \times \sqrt{40} = \dfrac{3\sqrt{3} \times \sqrt{40}}{\sqrt{5}}$ ← 1つの分数の形にする

$= \dfrac{3\sqrt{3} \times 2 \times \sqrt{2} \times \overset{1}{\cancel{\sqrt{5}}}}{\cancel{\sqrt{5}}}$ ← $\sqrt{40} = \sqrt{2^2 \times 5} = 2 \times \sqrt{2} \times \sqrt{5}$
← 約分する

$= 3\sqrt{3} \times 2\sqrt{2} = 6\sqrt{6}$
 └ $3 \times 2 \times \sqrt{3} \times \sqrt{2}$

入試ナビ 根号をふくむ式の乗除は平方根の計算の基本なので，確実にできるようにしておこう。

★★★
★★
★

入試に出る **実戦例題解法**

☑ **1 根号をふくむ式の乗法**

次の計算をしなさい。

(1) $\sqrt{3} \times \sqrt{5} \times \sqrt{6}$

注目 $\sqrt{a} \times \sqrt{b} \times \sqrt{c} = \sqrt{a \times b \times c}$

$\sqrt{3} \times \sqrt{5} \times \sqrt{6}$

（3つ以上の根号のついた数の積も，1つにまとめられる）

$= \sqrt{3 \times 5 \times 6}$ ←（6を素因数分解する）
$= \sqrt{3 \times 5 \times 2 \times 3}$
$= \sqrt{3^2 \times 5 \times 2}$
$= 3\sqrt{10}$ **答**

(2) $\sqrt{12} \times \sqrt{54}$

注目 **根号の中を簡単にしてから計算**

$\sqrt{12} \times \sqrt{54}$

（根号の中を簡単にする）

$= 2\sqrt{3} \times 3\sqrt{6}$
$= 2 \times 3 \times \sqrt{3} \times \sqrt{6}$
$= 6 \times 3\sqrt{2}$ ←（$\sqrt{3} \times \sqrt{6} \Rightarrow \times 3$）
$= 18\sqrt{2}$ **答**

注意 $\sqrt{}$ の中の数は，できるだけ簡単な数になおして答える。

☑ **2 根号をふくむ式の乗除の混じった計算**

$\sqrt{32} \div \sqrt{8} \times 3\sqrt{2}$ を計算しなさい。

注目 **1つの分数の形**にしてから約分

（根号の中を簡単にする）

$$\sqrt{32} \div \sqrt{8} \times 3\sqrt{2} = \frac{\sqrt{32} \times 3\sqrt{2}}{\sqrt{8}} = \frac{4\sqrt{2} \times 3\sqrt{2}}{2\sqrt{2}}$$

（約分する）

$$= 6\sqrt{2}$$ **答**

平方根の計算(2)

☑ 分母の有理化

(1) 分母の有理化 … $\dfrac{a}{\sqrt{b}}=\dfrac{a\times\sqrt{b}}{\sqrt{b}\times\sqrt{b}}=\dfrac{a\sqrt{b}}{b}$

例 $\dfrac{3}{\sqrt{2}}=\dfrac{3\times\sqrt{2}}{\sqrt{2}\times\sqrt{2}}=\dfrac{3\sqrt{2}}{2}$

分母にある根号のついた数を，分母と分子にかける

☑ 根号をふくむ式の加法・減法

(1) $\sqrt{}$ の中が同じ数は，同類項と同じように考えてまとめる。

加法 … $m\sqrt{a}+n\sqrt{a}=(m+n)\sqrt{a}$

減法 … $m\sqrt{a}-n\sqrt{a}=(m-n)\sqrt{a}$

例 $2\sqrt{3}+3\sqrt{3}=5\sqrt{3}$
2+3=5

例 $5\sqrt{2}-2\sqrt{2}=3\sqrt{2}$
5-2=3

☑ 根号をふくむ式の展開

(1) 分配法則の利用

$a(b+c)=ab+ac$ を利用して，かっこをはずす。

例 $\sqrt{3}(\sqrt{6}+\sqrt{2})=\sqrt{3}\times\sqrt{6}+\sqrt{3}\times\sqrt{2}$
$=\sqrt{3}\times(\sqrt{3}\times\sqrt{2})+\sqrt{3}\times\sqrt{2}=3\sqrt{2}+\sqrt{6}$

(2) 乗法公式の利用

$\sqrt{}$ のついた数を1つの文字とみて，乗法公式にあてはめる。

例 $(2+\sqrt{5})^2=2^2+2\times\sqrt{5}\times2+(\sqrt{5})^2$ ← 乗法公式
$(x+a)^2=x^2+2ax+a^2$
$=4+4\sqrt{5}+5$
$=9+4\sqrt{5}$

入試ナビ 根号をふくむ式の加減や四則の混じった計算の出題は，毎年多い。**分母の有理化や乗法公式は確実に身につけておこう。**

入試に出る 実戦例題解法

1 根号をふくむ式の加減

次の計算をしなさい。

(1) $\sqrt{48}+\sqrt{27}-\sqrt{75}$

(2) $\dfrac{42}{\sqrt{6}}-\sqrt{54}$

注目 根号の中を簡単にしてから計算

$$\sqrt{48}+\sqrt{27}-\sqrt{75}$$
根号の中を簡単に

$$=4\sqrt{3}+3\sqrt{3}-5\sqrt{3}$$
$(4+3-5)\sqrt{3}$

$$=2\sqrt{3}\ \boxed{答}$$

注目 分母を有理化してから計算

$$\dfrac{42}{\sqrt{6}}-\sqrt{54}$$

有理化 $\dfrac{42\times\sqrt{6}}{\sqrt{6}\times\sqrt{6}}=\dfrac{42\sqrt{6}}{6}$

$$=7\sqrt{6}-3\sqrt{6}$$
$(7-3)\sqrt{6}$

$$=4\sqrt{6}\ \boxed{答}$$

2 根号をふくむ式の展開

次の計算をしなさい。

(1) $\sqrt{2}(\sqrt{8}-4)-\dfrac{6}{\sqrt{2}}$

(2) $(\sqrt{7}+3)(\sqrt{7}-3)$

注目 分配法則を利用

$$\sqrt{2}(\sqrt{8}-4)-\dfrac{6}{\sqrt{2}}$$

分配法則　有理化

$$=4-4\sqrt{2}-3\sqrt{2}$$

$$=4-7\sqrt{2}\ \boxed{答}$$

注目 乗法公式を利用

$$(\sqrt{7}+3)(\sqrt{7}-3)$$
$(x+a)(x-a)$ の式

$$=(\sqrt{7})^2-3^2$$
x^2-a^2 の形に展開

$$=7-9$$

$$=-2\ \boxed{答}$$

第1章 数と式

12 近似値と有効数字

☑ 近似値

(1)近似値 … 測定して得られた値などのように，**真の値**ではないが，それに近い値。円周率3.14など。

(2)誤差 … 誤差＝**近似値**－**真の値**

例 ある数 a の小数第1位を四捨五入した近似値が16であるとき，a の値の範囲は，

$$15.5 \leqq a < 16.5$$

このとき，誤差の絶対値は0.5以下である。

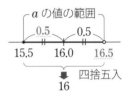

a の値の範囲

0.5　0.5

15.5　16.0　16.5

四捨五入

↓

16

真の値 a が 15.5 のとき，誤差は，16−15.5＝0.5 で，このとき，誤差が最も大きくなる

☑ 有効数字

(1)有効数字 … **近似値**を表す数字のうち，**信頼できる数字**。

例 ある2地点間の**距離**をはかり，10m未満を四捨五入して得た測定値 2750m の有効数字は，2，7，5

└── 一の位の 0 は位取りを表していて，有効数字ではない

(2)有効数字を使った表し方

（整数部分が1けたの数）×（10の累乗）

例 ある距離の測定値 3400m の有効数字が 3，4，0 のとき，この値は10m の位まで測定したもので，3.40×10^3 m と表せる。

└── 0 も有効数字なので，必ず書く

入試ナビ　真の値の範囲の求め方や有効数字を使った表し方では，けた数などを混乱しやすいので，正確に表せるようにしよう。

★★★
★★★★

入試に出る　実戦例題解法

1 真の値の範囲

ある物の長さを測定し，0.1m 未満を四捨五入して，測定値 7.3m を得た。真の値を a として，a の値の範囲を不等号を使って表しなさい。

注目 7.3 m は，**小数第 2 位を四捨五入して得た近似値**

小数第 2 位を四捨五入した近似値が 7.3m だから，a の値の範囲は，

$7.25 \leqq a < 7.35$ ―答

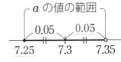

参考 誤差の絶対値は，0.05m 以下。

2 有効数字

次の近似値の有効数字を 3 けたとして，それぞれの近似値を(整数部分が 1 けたの数)×(10の累乗)の形で表しなさい。

(1)　5200 km

(2)　23864 m²

注目 0 も有効数字

有効数字は 3 けただから，
5，2，0

5.20×10^3 km ―答

└ **注意** 5.2×10^3 としない。

注目 **4 けためを四捨五入**

有効数字は 3 けただから，上から 4 けためを四捨五入して，23900 m²

有効数字は 2, 3, 9

2.39×10^4 m² ―答

13 1次方程式

☑ 等式の性質

(1)等式の性質

$A=B$ ならば,

① $A+C=B+C$

② $A-C=B-C$

③ $AC=BC$

④ $\dfrac{A}{C}=\dfrac{B}{C}$ $(C\neq0)$

☑ 基本的な1次方程式の解き方

(1)基本的な1次方程式の解き方

①文字の項を左辺に,数の項を右辺に**移項**する。移項するとき,符号を変える

②両辺を整理して,$ax=b$ の形にする。

③両辺を x の係数 a でわる。

例 $6x-3=2x+5$ 移項

$6x-2x=5+3$

$÷4 \quad 4x=8 \quad ÷4$

$x=2$

☑ 比例式

(1)比例式の性質

$a:b=c:d$ ならば $\underline{ad=bc}$

例 $x:18=5:6$ の x の値は,

$x:18=5:6$

$x×6=18×5$ $a:b=c:d$ ならば $ad=bc$

$x=\dfrac{18×5}{6}$, $x=15$

入試ナビ 基本的な1次方程式は，**連立方程式や2次方程式**につながる基礎的な内容なので，確実に解けるようにしておこう。

★★★★★

入試に出る 実戦例題解法

☑ 1 基本的な1次方程式

次の方程式を解きなさい。

(1) $3x+2=x-4$

(2) $5-x=-4x+2$

注目 文字の項は左辺，数の項は右辺に**移項**

$$3x+2=x-4$$
$$3x-x=-4-2 \quad\text{(+2, x を移項)}$$
$$2x=-6 \quad\text{(両辺を整理)}$$
$$x=-3 \ \text{答}$$

$$5-x=-4x+2$$
$$-x+4x=2-5 \quad\text{(5, $-4x$ を移項)}$$
$$3x=-3 \quad\text{(両辺を整理)}$$
$$x=-1 \ \text{答}$$

(3) $2x-6=4+7x$

(4) $9-5x=-3-2x$

注目 移項して整理するとき，**符号に注意！**

$$2x-6=4+7x$$
$$2x-7x=4+6$$
$$-5x=10$$
$$x=-2 \ \text{答}$$

$$9-5x=-3-2x$$
$$-5x+2x=-3-9$$
$$-3x=-12$$
$$x=4 \ \text{答}$$

☑ 2 比例式

$6:14=(x-1):(3x-5)$ の x の値を求めなさい。

注目 $a:b=c:d$ ならば $ad=bc$ を利用

比例式の性質より，$6\times(3x-5)=14\times(x-1)$

これを解くと，$18x-30=14x-14$，$4x=16$，$x=4$ 答

14 いろいろな 1 次方程式

☑ いろいろな 1 次方程式

(1) かっこのある方程式

分配法則を利用して，**かっこをはずす。**

$$a(b+c)=ab+\underline{ac}$$

例 $3(2x-1)=2x+5$
　　$_{3\times2x+3\times(-1)}$　かっこをはずす
　　$6x-3=2x+5$
　　　　　　　　　　　移項
　　$6x-2x=5+3$
　　$4x=8,\ x=2$

(2) 係数に小数をふくむ方程式

両辺に10，100，…をかけて，**係数を整数にする。**

例 $0.2x+0.4=0.3x-1$
　　$_{(0.2x+0.4)\times10}$　$_{(0.3x-1)\times10}$　両辺に10をかける
　　$2x+4=3x-10$
　　　　　　　　整数部分にも10をかけ忘れないようにする
　　$2x-3x=-10-4$ ← 移項
　　$-x=-14,\ x=14$

(3) 係数に分数をふくむ方程式

両辺に分母の最小公倍数をかけて，**分母をはらう。**

例 $\dfrac{2}{3}x-2=\dfrac{3}{2}x+3$
　　$_{\left(\frac{2}{3}x-2\right)\times6}$　$_{\left(\frac{3}{2}x+3\right)\times6}$　両辺に分母の最小公倍数 6 をかける
　　$4x-12=9x+18$
　　　　　　　　移項
　　$4x-9x=18+12$
　　$-5x=30,\ x=-6$

入試ナビ 　方程式の係数を整数にするとき，数の項へかけ忘れるミスが多いので，注意しよう。

入試に出る 実戦例題解法

1 分数の形の1次方程式

方程式 $\dfrac{2x-8}{3}=\dfrac{5x+1}{4}$ を解きなさい。

注目 両辺に**分母の最小公倍数**をかけて，分母をはらう

$$\frac{2x-8}{3}=\frac{5x+1}{4}$$

$$\frac{2x-8}{3}\times 12=\frac{5x+1}{4}\times 12 \quad \text{両辺に分母の最小公倍数をかける}$$

注意 かっこを忘れないこと。

$$4(2x-8)=3(5x+1) \quad \text{かっこをはずす}$$

$$8x-32=15x+3$$

$$-7x=35,\quad x=-5 \text{ 答}$$

2 1次方程式の解と係数

x についての1次方程式 $x+3a=-2(x-4a)$ の解が5のとき，a の値を求めなさい。

注目 方程式に**解を代入**して，a についての方程式を解く

$x+3a=-2(x-4a)$ に $x=5$ を代入すると，

$$5+3a=-2(5-4a)$$

これを a についての方程式として解くと，

$$5+3a=-10+8a$$

$$-5a=-15,\quad a=3 \text{ 答}$$

15 連立方程式

☑ 連立方程式の解き方

(1) 加減法 … 1つの文字の**係数の絶対値をそろえて**，左辺どうし，右辺どうしを**たすかひくか**して，その文字を**消去**して解く。

例
$$\begin{cases} 2x+y=3 & \cdots ① \\ 3x+2y=4 & \cdots ② \end{cases}$$

①×2−②で y を消去する。

$$\begin{array}{rl} ①×2 & 4x+2y=6 \\ ② & \underline{-)\ 3x+2y=4} \\ & \quad x\quad\ \ =2 \end{array}$$ ← y を消去する

（係数の絶対値をそろえる）

$x=2$ を①に代入して，$2×2+y=3$，$y=-1$

答 $x=2$，$y=-1$

(2) 代入法 … 一方の式を「$x=\sim$」や「$y=\sim$」の形にし，それを他方の式に**代入**して，1つの文字を**消去**して解く。

例
$$\begin{cases} y-x=2 & \cdots ① \\ 3x+2y=14 & \cdots ② \end{cases}$$
①より，$y=x+2$ …①′

これを②に代入して，

（代入するときは，かっこをつける）

$3x+2(x+2)=14$，$3x+2x+4=14$，$5x=10$，$x=2$

$x=2$ を①′に代入して，$y=2+2=4$　　**答** $x=2$，$y=4$

☑ いろいろな連立方程式の解き方

(1) かっこがあるとき … かっこをはずして**整理**する。

(2) 係数に小数や分数をふくむとき … 係数を**整数**になおして**整理**する。

連立方程式は，**加減法**か**代入法**を利用して解く。係数が整数の基本的な問題の出題が多いので，**確実に解けるように。**

★★★
★★
★

入試に出る 実戦例題解法

☑ 1 いろいろな連立方程式

連立方程式 $\begin{cases} 5x+4y=8 & \cdots① \\ \dfrac{5}{8}x+\dfrac{1}{3}y=-\dfrac{1}{6} & \cdots② \end{cases}$ を解きなさい。

注目 係数を整数になおしてから解く

②の両辺に24をかけると，$15x+8y=-4$ …②′
└─ 分母の最小公倍数

①×2−②′から，$x=-4$

$$\begin{array}{r} 10x+8y=16 \\ -)\ 15x+8y=-4 \\ \hline -5x\qquad\ =20 \end{array}$$

$x=-4$ を①に代入して，$y=7$

答 $x=-4,\ y=7$

☑ 2 連立方程式の解と係数

連立方程式 $\begin{cases} 2ax-by=15 & \cdots① \\ ax+3by=-3 & \cdots② \end{cases}$ の解が，$x=3,\ y=-1$

であるとき，$a,\ b$ の値を求めなさい。

注目 解を代入し，$a,\ b$ についての連立方程式を解く

①，②に $x=3,\ y=-1$ を代入すると，

$\begin{cases} 6a+b=15 & \cdots③ \\ 3a-3b=-3 & \cdots④ \end{cases}$

$$\begin{array}{r} 6a+\ b=15 \\ -)\ 6a-6b=-6 \\ \hline 7b=21 \end{array}$$

③−④×2から，$b=3$

$b=3$ を③に代入して，$a=2$

答 $a=2,\ b=3$

2次方程式(1)

✓ 2次方程式の解き方

(1) $ax^2 = b$ の形 … $x = \pm\sqrt{\dfrac{b}{a}}$

例 $2x^2 = 10$, $x^2 = \underline{5}$, $x = \underline{\pm\sqrt{5}}$

(2) $(x + a)^2 = b$ の形 … $x + a = \pm\sqrt{b}$, $x = -a \pm\sqrt{b}$

例 $(x - 1)^2 = \underline{3}$, $x - 1 = \underline{\pm\sqrt{3}}$, $x = \underline{1 \pm\sqrt{3}}$

$\underbrace{\qquad\qquad}$ 3 の平方根を求める

(3) $x^2 + px + q = 0$ の形 … q を移項し, 両辺に $\left(\dfrac{p}{2}\right)^2$ を加え,

(1 次式)$^2 = \sim$ の形にする。

例 $x^2 - 4x - 2 = 0$ ⎤
$x^2 - 4x = 2$ ⎦ -2 を移項

$x^2 - 4x + 4 = 2 + 4$ ← $\left(\dfrac{-4}{2}\right)^2 = 4$ を両辺に加える

$(x - \underline{2})^2 = \underline{6}$ ← (1 次式)$^2 = \sim$ の形にする

$x - 2 = \pm\sqrt{6}$, $x = \underline{2 \pm\sqrt{6}}$

(4) 因数分解による解き方

(2 次式)$= 0$ の形に整理し, 左辺を因数分解して,

$(x - a)(x - b) = 0$ ならば, $x = a$ または $x = b$ を利用する。

例 $x^2 - 2x - 3 = 0$
$(x + 1)(x - 3) = 0$ ← 左辺を因数分解

$x + 1 = 0$ または $x - 3 = 0$

したがって, $x = \underline{-1}$, $x = \underline{3}$

入試ナビ 方程式の中で最も出題が多い。因数分解を利用する解き方については，因数分解の公式をもう一度確認しておこう。

★★★★
★★★★

入試に出る 実戦例題解法

☑ **1 因数分解を利用する２次方程式の解き方**

次の方程式を解きなさい。

(1) $x^2-2x-24=0$

(2) $x^2-7x+16=3x-9$

注目 $(x-a)(x-b)=0$ ならば，$x=a$，$x=b$

$$x^2-2x-24=0$$
　　　　↓ 左辺を因数分解
$$(x+4)(x-6)=0$$
　　　　$x+4=0$ または $x-6=0$

したがって，
$$x=-4，\ x=6 \ \text{答}$$

注目 まず，（２次式）＝０ の形に整理

$$x^2-7x+16=3x-9$$
$$x^2-10x+25=0 \ \leftarrow \text{整理}$$
　　　　↓ 左辺を因数分解
$$(x-5)^2=0$$
$$x-5=0，\ x=5 \ \text{答}$$

☑ **2 かっこがある２次方程式の解き方**

次の方程式を解きなさい。

(1) $(x-3)^2=x-1$

(2) $2x^2-(x-8)(x+2)=23$

注目 かっこをはずして，（２次式）＝０ の形に整理

$$(x-3)^2=x-1$$
　　　　↓ 左辺を展開
$$x^2-6x+9=x-1$$
　　　　　　↓ 右辺を移項して整理
$$x^2-7x+10=0 \ \leftarrow$$
$$(x-2)(x-5)=0$$
$$x=2，\ x=5 \ \text{答}$$

$$2x^2-(x-8)(x+2)=23$$
　　　　↓ 展開
$$2x^2-(x^2-6x-16)=23$$
　　　　　　　↓ 移項して整理
$$x^2+6x-7=0 \ \leftarrow$$
$$(x+7)(x-1)=0$$
$$x=-7，\ x=1 \ \text{答}$$

第2章 方程式

17 2次方程式(2)

1年 2年 **3年**

☑ 2次方程式の解の公式

(1) 2次方程式 $ax^2+bx+c=0$ **の解**

$$x=\frac{-b\pm\sqrt{b^2-4ac}}{2a}$$

例 $2x^2+5x-1=0$ の解は，

$$x=\frac{-5\pm\sqrt{5^2-4\times2\times(-1)}}{2\times2}$$ ← 解の公式に $a=2$, $b=5$, $c=-1$ を代入する

$$=\frac{-5\pm\sqrt{25+8}}{4}=\frac{-5\pm\sqrt{33}}{4}$$

☑ 解と係数

(1) 2次方程式の解と係数の問題の解き方

1つの解がわかっているとき，**解を代入**して別の文字についての方程式をつくる。

例 x の2次方程式 $x^2+ax+b=0$ の解が-6と3であるとき，a, bの値を求める。

方程式に $x=-6$, $x=3$ をそれぞれ代入して，

$$\underline{36-6a+b=0}, \quad -6a+b=-36 \cdots①$$

$$\underline{9+3a+b=0}, \quad 3a+b=-9 \cdots②$$

①，②を連立方程式として解くと，

①－②から，$a=3$

$$\begin{array}{r} -6a+b=-36 \\ -)\ \ 3a+b=-9 \\ \hline -9a\ \ \ \ \ \ =-27 \end{array}$$

$a=3$ を②に代入して，$b=\underline{-18}$

したがって，$a=\underline{3}$, $b=\underline{-18}$

→ もとの方程式は，$x^2+3x-18=0$ となる

入試ナビ 解の公式への係数の代入は，式が複雑なので，符号などの計算ミスに注意しよう。

入試に出る 実戦例題解法

☑ **1 解の公式**

2次方程式 $2x^2+9x+4=0$ を解きなさい。

注目 解の公式 ➡ $x=\dfrac{-b\pm\sqrt{b^2-4ac}}{2a}$ を利用

解の公式に $a=2$，$b=9$，$c=4$ を代入して，

$$x=\frac{-9\pm\sqrt{9^2-4\times2\times4}}{2\times2}$$

$\sqrt{a^2}=a$

$$=\frac{-9\pm\sqrt{81-32}}{4}=\frac{-9\pm\sqrt{49}}{4}=\frac{-9\pm7}{4}$$

$$x=\frac{-9+7}{4}=-\frac{1}{2}, \quad x=\frac{-9-7}{4}=-4$$

答 $x=-\dfrac{1}{2}$，$x=-4$

☑ **2 2次方程式の解と係数**

2次方程式 $x^2+ax-36=0$ の解の1つが -4 のとき，a の値ともう1つの解を求めなさい。

注目 まず，**解を代入して a についての方程式**をつくり，a の値を求める。

式に $x=-4$ を代入し，$(-4)^2-4a-36=0$，$a=-5$ **答**

$x^2-5x-36=0$，$(x+4)(x-9)=0$，$x=-4$，$x=9$

a の値を代入する

もう1つの解は，$x=9$ **答**

第2章 方程式

18 文章題の式のつくり方(1)

☑ 数に関する問題

(1)文字を使った整数の表し方 … 次の関係がよく使われる。

n を整数とすると,

- 偶数…$2n$
- 奇数…$2n+1$ （または，$2n-1$）
- a の倍数…an ←$a×$整数で a の倍数
- 連続する3つの整数

 …$n-1$，n，$n+1$ （または，n，$n+1$，$n+2$）
 └─ 中央の整数を n とするとき

- 十の位が x，一の位が y の2けたの自然数…$10x+y$

例 十の位が a，一の位が5の自然数は，$10a+5$

☑ 代金に関する問題

(1)代金の関係を表す式 … 代金＝単価×個数

例 50円のあめと80円のガムを合わせて10個買ったら，代金が680円だった。それぞれ何個買ったかを求める。

50円のあめを x 個，80円のガムを y 個買ったとすると，
 └─ 何を文字で表すかを決める

個数の関係から，$x+y=10$ …①

代金の関係から，$50x+80y=680$ …②
 └─50円のあめ x 個の代金　　└─80円のガム y 個の代金

├─ 等しい数量の関係から式をつくる

①，②を連立方程式として解くと，$x=4$，$y=6$

これは問題にあっている。←解の検討
 └─x, y ともに自然数だから

よって，50円のあめは4個，80円のガムは6個

入試ナビ 数や代金に関する問題は，比較的立式が簡単なものが多い。
しかし，**解の検討**を必要とする場合もあるので，要注意。

入試に出る 実戦例題解法

1 数に関する問題

連続する3つの自然数がある。最も大きい数と2番目に大きい数の積は，最も小さい数の8倍より16大きくなった。2番目に大きい数を求めなさい。

注目 2番目に大きい数を **n** として，他の2数も n で表す

2番目に大きい数を n とすると，最も小さい数は $n-1$，最も大きい数は $n+1$ と表せる。

数の関係を式に表すと，$n(n+1)=8(n-1)+16$

　　　　　　　　　　　　└ 最も大きい数　└ 最も小さい数

これを解くと，$n=-1, \ n=8$

n は自然数だから，$n>0$　よって，求める数は 8　**答**

2 代金に関する問題

ある美術館の入館料は，中学生2人とおとな3人では1700円，中学生5人とおとな2人では2050円である。中学生1人とおとな1人の入館料をそれぞれ求めなさい。

注目 2通りの場合を，それぞれ**方程式**に表す

入館料を，中学生1人 x 円，おとな1人 y 円とすると，

$2x+3y=1700$ …①　　$5x+2y=2050$ …②

①，②を連立方程式として解くと，$x=250, \ y=400$

答 中学生…250円，おとな…400円

19 文章題の式のつくり方(2)

☑ 速さに関する問題

(1)速さの関係を表す式 … 速さ＝道のり÷時間

→道のり＝速さ×時間，時間＝道のり÷速さ

例 時速 $4\,\mathrm{km}$ で x 分間に進む道のりは，

$$\underline{4 \times \frac{x}{60}} = \frac{x}{15}(\mathrm{km}) \leftarrow 速さ×時間$$

x 分間＝$\frac{x}{60}$時間

例 $a\,\mathrm{km}$ の道のりを，毎時 $5\,\mathrm{km}$ の速さで歩いたときに

かかった時間は，$\underline{a \div 5} = \frac{a}{5}(時間) \leftarrow 道のり÷速さ$

☑ 割合に関する問題

(1)割合の表し方

$$a\% \Rightarrow \frac{a}{100}(または，0.01a)，\quad a\,割 \Rightarrow \frac{a}{10}(または，0.1a)$$

例 $x\,\mathrm{kg}$ の25％は，$x \times \frac{25}{100} = \frac{1}{4}x(\mathrm{kg})$

例 400円の a 割は，$400 \times \frac{a}{10} = 40a(円)$

(2)代金と割合の関係を表す式 … 定価＝原価×(1＋利益の割合)

・原価 x 円の品物に，原価の a ％の利益を見込んでつけた

定価 … $x \times \left(1 + \frac{a}{100}\right)(円)$

・定価 y 円の b 割引き … $y \times \left(1 - \frac{b}{10}\right)(円)$

例 定価 x 円の商品の 3 割引きの値段は，

$$\underline{x \times \left(1 - \frac{3}{10}\right)} = \frac{7}{10}x(円)$$

入試ナビ 方程式の文章題では，方程式をつくり，それを解く過程を書かせる記述式の出題も近年目立つ。練習しておこう。

入試に出る 実戦例題解法

☑ 1 速さに関する問題

230km の道のりを自動車で走った。一般道路は時速35km，高速道路は時速80km で走り，全体で4時間かかった。一般道路と高速道路を走った道のりをそれぞれ求めなさい。

注目 **時間＝道のり÷速さ**の関係を利用する

一般道路を x km，高速道路を y km 走ったとすると，

$x+y=230$ …① ← 道のりの関係　$\dfrac{x}{35}+\dfrac{y}{80}=4$ …② ← かかった時間の関係

①，②を連立方程式として解くと，$x=70$，$y=160$

　　　　答 一般道路…70km，高速道路…160km

☑ 2 割合に関する問題

AとBの定価の合計は900円だが，Aは定価の90%，Bは定価の80%で売っていたので，代金の合計は760円になった。AとBの定価をそれぞれ求めなさい。

注目 定価の a%の値段は，**定価×$\dfrac{a}{100}$**（円）

Aの定価を x 円，Bの定価を y 円とすると，

$x+y=900$ …①，$\dfrac{90}{100}x+\dfrac{80}{100}y=760$ …②

　　　　　　　　　　　　a% ⇒ $\dfrac{a}{100}$

①，②を連立方程式として解くと，$x=400$，$y=500$

　　　　答 A…400円，B…500円

20 点の座標

☑ 座標

(1)点の座標

x 座標　y 座標

右の図の点Pの位置を$(2,\ 3)$と表し、これを点Pの**座標**という。

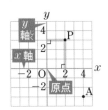

例 右の図で、点Aの座標は、x 座標が4、y 座標が-3だから、

A$(4,\ -3)$

☑ 点 P$(a,\ b)$と対称な点の座標

(1)x 軸について対称な点 Q

Q$(a,\ \underline{-b})$

└→ 点Pとy座標の符号が反対

(2)y 軸について対称な点 R

R$(\underline{-a},\ b)$

└→ 点Pとx座標の符号が反対

(3)原点について対称な点 S

S$(\underline{-a},\ \underline{-b})$

└→ 点Pとx座標、y座標の符号が反対

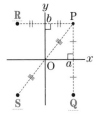

参考 軸について対称→線対称
原点について対称→点対称

例 右の図の点P$(2,\ -3)$において、

①x 軸について対称な点Aの座標は、

$(2,\ 3)$

②y 軸について対称な点Bの座標は、

$(-2,\ -3)$

③原点について対称な点Cの座標は、

$(-2,\ 3)$

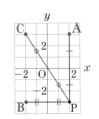

入試ナビ 点の座標は，関数のグラフの基礎。1次関数や関数 $y=ax^2$ の問題の一部で出題されることがある。

入試に出る 実戦例題解法

☑ 1 図形と点の座標

右の図のように，3点A，B，Cをとり，平行四辺形OABCをつくる。点A(5, 2)，点C(−3, 3)のとき，点Bの座標を求めなさい。

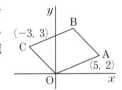

注目 四角形OABCは**平行四辺形**だから，OC∥AB，OC＝ABとなる

点Cは，原点Oから左へ3，上へ3進んだ点だから，点Bも点Aから同じだけ進んだ点となる。

点Bの x 座標は $5-3=2$，y 座標は $2+3=5$

よって，点Bの座標は(2, 5) **答**

☑ 2 対称な点の座標

次の点の座標を求めなさい。

(1) 点(−3, 1)と x 軸について対称な点

(2) 点(4, −5)と原点について対称な点

注目 略図をかいて，**符号の変化**を確認!

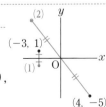

(1) y 座標の符号が反対になり，

(−3, −1) **答**

(2) x 座標，y 座標の符号が反対になり，

(−4, 5) **答**

21 比例・反比例

☑ 比例・反比例の式

(1)**関数**…x の値を1つ決めると，それにともなって y の値が
   1つに決まるとき，**y は x の関数である**という。

(2)**比例の式**…y が x に比例 ➡ **$y = ax$** ←a は比例定数 $(a \neq 0)$

(3)**反比例の式**…y が x に反比例 ➡ **$y = \dfrac{a}{x}$** ←a は比例定数 $(a \neq 0)$

   例 y が x に反比例し，比例定数が 15 のとき，y を x の式で
   表すと，$y = \dfrac{15}{x}$ また，$x = 3$ のとき，$y = \dfrac{15}{3} = 5$

☑ 比例・反比例のグラフ

(1)**比例 $y = ax$ のグラフ**

   …**原点**を通る**直線**。

   参考 $y = ax$ の a は，
   グラフの傾き

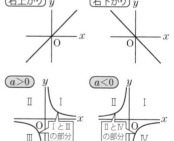

(2)**反比例 $y = \dfrac{a}{x}$ のグラフ**

   …**双曲線**（2つのなめら
   かな**曲線**）

(3)**変域**…**変数**のとりうる
   値の**範囲**。←x, y のように，いろ
                いろな値をとる文字

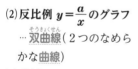

   例 関数 $y = \dfrac{1}{2}x$ の x の変域が $2 \le x \le 6$
   のとき，y の変域は $1 \le y \le 3$

入試ナビ 比例・反比例の式を求める問題が，毎年よく出題されている。グラフの特徴もしっかり押さえておこう。

★★★
★★★

入試に出る 実戦例題解法

☑ 1 比例の式

y が x に比例し，$x=2$ のとき，$y=8$ である。$x=6$ のときの y の値を求めなさい。

注目 比例だから式を $y=ax$ とおき，まず，a の値を求める

比例しているから，式を $y=ax$ とおく。

$x=2$ のとき $y=8$ だから，$8=a\times2$ より，$a=4$

よって，比例の式は，$y=4x$

これに，$x=6$ を代入して，$y=4\times6=24$ **答**

☑ 2 反比例のグラフと変域

関数 $y=\dfrac{18}{x}$ について，x の変域が $2\leqq x\leqq6$ のとき，y の変域を求めなさい。

注目 x の変域の両端の値に着目する

グラフは右の図のようになる。

$x=2$ のとき，$y=\dfrac{18}{2}=9$

$x=6$ のとき，$y=\dfrac{18}{6}=3$

よって，y の変域は，$3\leqq y\leqq9$ **答**

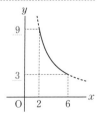

22

1次関数

☑ **1次関数**

(1) 1次関数の式 … y が x の 1 次関数 ➡ $y = ax + b$ （a, bは定数, $a \neq 0$）

　　　　　　　　　　　　　　　　　　x に比例する部分　定数部分

(2) 1次関数の変化の割合

　… 1次関数 $y = ax + b$ の**変化の割合は一定**で，x **の係数** a **に等しい。**

$$\text{変化の割合} = \frac{y \text{ の増加量}}{x \text{ の増加量}} = a$$

例 関数 $y = 2x + 1$ で，変化の割合は 2

　　x が 1 から 4 まで増加するとき，y の増加量は，

　　$\underbrace{(2 \times 4 + 1)}_{x=4 \text{ のときの } y \text{ の値}} - (2 \times 1 + 1) = 9 - 3 = 6$

(3) 1次関数 $y = ax + b$ のグラフ

　… **傾き**が a で，**切片**が b の直線。

傾き ➡ x の増加量が 1 のときの y の**増加量**。

切片 ➡ グラフが y 軸と交わる点の y **座標**。

（$x = 0$ のときの y の値）

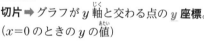

例 ①関数 $y = 3x + 4$ のグラフの傾きは 3，切片は 4

　　②関数 $y = -2x + 3$ と $y = ax - 3$ のグ

　　　ラフの傾きが等しいとき，a の値は

　　　-2

　　③$y = x + 1$ で，x の変域が $0 \leqq x \leqq 4$ の

　　　とき，y の変域は $1 \leqq y \leqq 5$

入試ナビ　x の増加量，y の増加量，変化の割合などの関数の性質は，応用問題でも重要。また，変域を使った問題も目立つ。

★★★
★★
★★

入試に出る　実戦例題解法

1　1次関数の変化の割合

1次関数 $y=-2x+3$ で，x の増加量が -4 のとき，y の値が -2 から t まで増加する。t の値を求めなさい。

注目　変化の割合を t を使って表す

y の増加量は，　$t-(-2)=t+2$

x の増加量は -4　変化の割合は一定で -2

変化の割合 $=\dfrac{y \text{の増加量}}{x \text{の増加量}}$ より，　$-2=\dfrac{t+2}{-4}$

よって，$8=t+2$, $t=6$　答

2　変域と1次関数

1次関数 $y=ax+1$ で，x の変域が $-3 \leqq x \leqq 0$ のとき，y の変域は $1 \leqq y \leqq 10$ である。a の値を求めなさい。

注目　x と y の変域の両端の値に着目する

1次関数 $y=ax+1$ のグラフの切片は 1 だから，

$x=0$ のとき $y=1$

したがって，$x=-3$ のとき $y=10$ となる。

$y=ax+1$ に $x=-3$, $y=10$ を代入すると，

$10=a \times (-3)+1$

注意 $x=0$, $y=1$ を代入すると，a が消えるので求められない。

よって，$a=-3$　答

23 直線の式

☑ 直線の式の求め方

(1) 傾きと通る1点の座標から，直線の式を求める

直線の式を $y=ax+b$ とおき，**傾きと通る1点の座標を代入**し，切片 b を求める。

> 例 傾きが4で，点(2，11)を通る直線の式を求める。
>
> 直線の式を $y=4x+b$ とおき，$x=2$，$y=11$ を代入して，
>
> $11=4×2+b$，$b=3$
>
> よって，直線の式は，$y=4x+3$

(2) 通る2点の座標から，直線の式を求める

直線の式を $y=ax+b$ とおき，**2点の座標を代入**し，a，b の**連立方程式**として解く。

> 例 2点(3，4)，(6，1)を通る直線の式を求める。
>
> 直線の式を $y=ax+b$ とおき，2点の座標を代入すると，
>
> $$\begin{cases} 4=3a+b & \cdots① \\ 1=6a+b & \cdots② \end{cases}$$
>
> ①，②を連立方程式として解くと，$a=-1$，$b=7$
>
> よって，直線の式は，$y=-x+7$
>
> > 参考 2点の座標から傾きを求めて，切片を求めてもよい。
> >
> > 傾きは，$\dfrac{1-4}{6-3}=-1$ だから，式を $y=-x+b$ とおく。
> >
> > この式に $x=3$，$y=4$ を代入し，$b=7$ → $y=-x+7$

(3) 平行な直線の式を求める

平行な2直線は，**傾きが等しい**ことを利用する。

入試
ナビ

直線の式を求める問題は，小問集合や関数の複合問題の一部
として出題される。式の求め方は，確実に押さえよう。

★★★
★★★

入試に出る 実戦例題解法

☑ 1 2点を通る直線と x 軸との交点

2点$(-3, 4)$，$(3, -8)$を通る直線と，x軸との交点のx座標を求めなさい。

注目 直線と x 軸との交点の座標は，式に $y=0$ を代入

直線の式を $y=ax+b$ とおき，2点の座標を代入すると，

$$\begin{cases} 4=-3a+b & \cdots① \\ -8=3a+b & \cdots② \end{cases}$$

①，②を連立方程式として解くと，$a=-2$，$b=-2$

よって，直線の式は，$y=-2x-2$

これに $y=0$ を代入して，$x=-1$ **答**

☑ 2 平行な直線の式

直線 $y=2x+1$ に平行で，点$(-1, 2)$を通る直線の式を求めなさい。

注目 平行な2直線の傾きは等しい

求める直線の傾きは2だから，$y=2x+b$ とおける。
　└ 平行な2直線の傾きは等しい

これが，点$(-1, 2)$を通るから，

$2=2\times(-1)+b$

よって，$b=4$

したがって，求める直線の式は，$y=2x+4$ **答**

24

第3章 関数

方程式とグラフ

☑ **方程式とグラフ**

(1) $ax + by = c$ のグラフ

… グラフは<u>直線</u>。
└─ 2元1次方程式

(2) $y = k$ のグラフ

… 点 $(0, \underline{k})$ を通り，$\underline{x}$ 軸に平行な直線。

(3) $x = h$ のグラフ

… 点 $(\underline{h}, 0)$ を通り，$\underline{y}$ 軸に平行な<u>直線</u>。

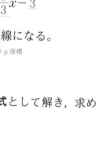

例 $2x - 3y = 9$ を $\underline{y}$ について解くと，$y = \dfrac{2}{3}x - 3$
　　　　　　　└─ $y = \sim$ になおす

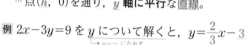

　グラフは，傾きが $\dfrac{2}{3}$，切片が $\underline{-3}$ の直線になる。
　　　　　　　　　　　　　　　　└─ グラフと y 軸の交点の y 座標

☑ **連立方程式の解とグラフ**

(1) **2直線の交点** … 2直線の式を**連立方程式**として解き，求めた解が<u>交点</u>の座標になる。

例 右の図で，2直線

$$\begin{cases} y = x + 1 & \cdots ① \\ y = -2x + 4 & \cdots ② \end{cases}$$

の交点 P の座標を求める。

①，②を連立方程式として解くと，

　　$x + 1 = -2x + 4$ より，$x = \underline{1}$

①の式に代入して，$y = \underline{2}$

よって，交点の座標は，P$(\underline{1}, \underline{2})$

入試に出る 実戦例題解法

☑ 1 2直線の交点の座標

直線 $2x+ay=3$ …① と直線 $2y-3x-6=0$ …② は，y 軸上で交わる。このとき，a の値を求めなさい。

注目 y **軸上の点の** x **座標は** 0

交点の y 座標は，②の式に $x=0$ を代入して，$y=3$
　　　　　　　　　　　　　└ y 軸上で交わる

したがって，直線①，②は y 軸上の点 $(0, 3)$ で交わるから，$2×0+a×3=3$ より，$a=1$ **答**
└ ①の式に交点の座標を代入する

☑ 2 座標平面上の三角形の面積

2直線 $y=3x+1$ …①，$y=-x+5$ …② と x 軸で囲まれた三角形の面積を求めなさい。

注目 **底辺を** x **軸とすると，高さは2直線の交点の** y **座標**

右の図の △PQR の面積を求める。

点 P の座標は，①，②を連立方程式として解くと，$3x+1=-x+5$ より，

$x=1$，$y=4$　よって，△PQR の高さは4

点 Q の座標は $\left(-\dfrac{1}{3}, 0\right)$，点 R の座標は $(5, 0)$ だから，
　　　　　　└ ①に $y=0$ を代入　　　　　　　└ ②に $y=0$ を代入

△PQR の面積は，$\dfrac{1}{2}×\left\{5-\left(-\dfrac{1}{3}\right)\right\}×4=\dfrac{32}{3}$ **答**
　　　　　　　　　　└ 底辺 QR　　　　　　└ 高さ

25 関数 $y = ax^2$

☑ 関数 $y = ax^2$ とそのグラフ

(1) y が x の 2 乗に比例する関数の式 … $\underline{y = ax^2}$ ← a は比例定数（$a \neq 0$）

(2) 関数 $y = ax^2$ のグラフ

… <u>原点</u>を通り，y 軸について対称な放物線。

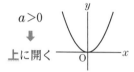

$a > 0$ ⟹ <u>上</u>に開く

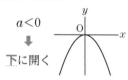

$a < 0$ ⟹ <u>下</u>に開く

例 y が x の 2 乗に比例し，$x = 2$ のとき $y = 8$ の場合，

式を $y = ax^2$ とおくと，$8 = a \times 2^2$ より，$a = \underline{2}$

よって，式は $y = \underline{2}x^2$ で，グラフは<u>上</u>に開いた放物線。

☑ 関数 $y = ax^2$ の変化の割合と変域

(1) 関数 $y = ax^2$ の変化の割合 … 変化の割合 $= \dfrac{y \text{ の増加量}}{x \text{ の増加量}}$

関数 $y = ax^2$ の変化の割合は一定ではない。

(2) 関数 $y = ax^2$ の変域 … x の変域に 0 をふくむ場合，

$a > 0$ のとき，y の最小値は <u>0</u>

$a < 0$ のとき，y の最大値は <u>0</u>

例 $y = x^2$ で，

$-3 \leqq x \leqq 1$

（0 をふくむ）

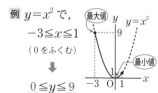

$\underline{0 \leqq y \leqq 9}$

例 $y = -x^2$ で，

$-1 \leqq x \leqq 2$

（0 をふくむ）

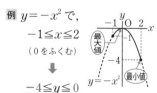

$\underline{-4 \leqq y \leqq 0}$

入試
ナビ

関数 $y=ax^2$ の出題は非常に多く，特に**変化の割合**，**変域**に関するものが多い。**直線がからむ問題**もよく出る。

★★★
★★★
★★★

入試に
出る **実戦例題解法**

☑ **1 関数 $y=ax^2$ の変化の割合**

関数 $y=ax^2$ で，x の値が 2 から 4 まで増加するときの変化の割合が 12 であるとき，a の値を求めなさい。

注目 変化の割合 $=\dfrac{\boldsymbol{y}\ \textbf{の増加量}}{\boldsymbol{x}\ \textbf{の増加量}}$ （変化の割合は一定ではないことに注意!）

変化の割合は，$\dfrac{\overset{\overset{\displaystyle y=ax^2\ \text{に}\ x=4\ \text{を代入}}{\llcorner}}{a\times 4^2-a\times 2^2}}{4-2}=12$

$6a=12$ より，$a=2$ 答

参考 $y=ax^2$ で x の値が p から q まで増加するときの変化の割合は，
$\underset{a(q^2-p^2)=a(q+p)(q-p)}{\dfrac{aq^2-ap^2}{q-p}=a(p+q)}$ と表せる。これより，$a\times(2+4)=12$，$a=2$

☑ **2 関数 $y=ax^2$ の変域**

関数 $y=ax^2$ で，x の変域が $-2\leqq x\leqq 3$ のときの y の変域は $-18\leqq y\leqq 0$ である。a の値を求めなさい。

注目 **グラフの略図**をかいて考える

y の最小値は**負**の値だから，グラフは右のように，**下**に開いた形になる。

図から，$y=-18$ に対応するのは $x=3$ だから，$-18=a\times 3^2$ より，$a=-2$ 答
　　　　　　　　　└ $y=ax^2$ に代入

26 関数の応用（1）

☑ **比例と1次関数のグラフ**

(1)グラフと四角形 … 下の図の四角形 ABCD で，辺 AB の長さは点 A の **y 座標**になる。

例 右の図で，直線 $y=\dfrac{3}{2}x$ 上に点 A，x 軸上に点 B，C，直線 $y=-x+8$ 上に点 D をとる。四角形 ABCD が正方形になるときの点 A の座標を求める。

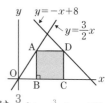

点 A の x 座標を t とすると，y 座標は $\dfrac{3}{2}t$ ←$y=\dfrac{3}{2}x$ に $x=t$ を代入

点 D の y 座標は点 A と同じで $\dfrac{3}{2}t$，x 座標は $-\dfrac{3}{2}t+8$

AB＝AD より，$\underset{\text{点 A の } y \text{ 座標}}{\dfrac{3}{2}t}=\underset{\text{点 D の } x \text{ 座標}}{\left(-\dfrac{3}{2}t+8\right)}-\underset{\text{点 A の } x \text{ 座標}}{t}$，$t=2$➡点 A(2，3)

(2)速さ・時間・道のりを表すグラフ … A と B が進むようすを表すグラフで，A が B に追いつくところは，2 つの**グラフの交点**。

例 弟は家を出て分速80m，兄は弟の6分後に家を出て分速200m で進む。右の図は，弟が家を出発して x 分後の家からの道のりを ym としたときの兄と弟のグラフである。

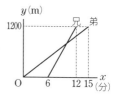

直線の式は，兄…$y=\overset{\text{(6, 0)を通る直線}}{200x-1200}$　弟…$y=\underset{\text{速さが傾きになる}}{80x}$

この 2 直線の交点は，$x=10$，$y=800$

よって，兄は，弟が出発してから10分後に，家から800mの地点で弟に追いつく。

入試
ナビ　進むようすをグラフで表す問題の出題率は高い。グラフから速さを求める問題も多いので、グラフの読みとりを確実にしよう。

入試に
出る　**実戦例題解法**

☑ **1 速さ・時間・道のりを表すグラフ**

妹は、10時に家を出発し、家から1600m離れた駅に向かった。途中、本屋で本を買った。右の図は、妹が家を出て x 分後の家からの道のりを y m として、x と y の関係を表したものである。

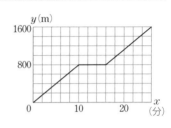

(1) 妹の速さは、分速何 m かを求めなさい。

(2) 姉が10時13分に家を出発して、分速150m で駅まで止まらずに進んだとき、妹に追いつく時刻を求めなさい。

注目 グラフの**傾きが速さ**になる

(1) グラフより、妹は10分間で800m 進んでいるから、速さは、$800 \div 10 = 80$ で、**分速80m** 答

(2) 姉の進むようすを表すグラフは、右のような直線になり、

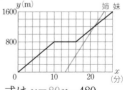

式は $y = 150x - 1950$

└ 傾きが150で、(13, 0)を通る直線

妹が本屋を出たあとの直線は、傾きが80で(16, 800)を通るから、式は $y = 80x - 480$

└ 妹の進む速さ

交点の x 座標は、$150x - 1950 = 80x - 480$, $x = 21$

よって、姉が妹に追いつく時刻は**10時21分** 答

27 関数の応用(2)

☑ 関数のグラフと交点

(1) 2つのグラフの交点

交点の座標は，2つのグラフの式を成り立たせる。

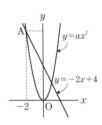

例 右の図で，放物線 $y=ax^2$ と直線 $y=-2x+4$ の交点 A の x 座標が -2 のとき，a の値を求める。

点 A の y 座標は，_{——$y=-2x+4$ に $x=-2$ を代入}
$y=\underline{-2}\times(\underline{-2})+4=8$ だから，
$\underline{8}=a\times(-2)^2$ より，$a=\underline{2}$

(2) 関数のグラフと三角形の面積

三角形の底辺・高さを**座標軸に平行**にとる。

例 右の図で，放物線 $y=ax^2$ と直線 $y=-x-1$ の交点が A，B で，それぞれの x 座標が $-\dfrac{1}{2}$，1 のとき，a の値と $\triangle$AOB の面積を求める。

点 B の y 座標は，$y=-1-1=\underline{-2}$
よって，$y=ax^2$ に代入して，
　$-2=a\times1^2$，$a=\underline{-2}$

$\triangle$AOB $=\triangle\underline{\text{AOC}}+\triangle$BOC と考える。

底辺を $\underline{\text{OC}}$ とすると，$\triangle$AOC の高さは $\dfrac{1}{2}$ ←A の x 座標の絶対値

$\triangle$BOC の高さは $\underline{1}$ ←B の x 座標の絶対値

よって，$\triangle$AOB の面積は，$\underbrace{\dfrac{1}{2}\times1\times\dfrac{1}{2}}_{\triangle\text{AOC}}+\underbrace{\dfrac{1}{2}\times1\times1}_{\triangle\text{BOC}}=\dfrac{3}{4}$

入試ナビ 関数の応用問題の出題率は非常に高い。なかでも，**放物線と直線を組み合わせた問題**がよく出題される。

実戦例題解法

1 関数のグラフと図形の面積

右の図で，放物線 $y=ax^2$ …① と直線 $y=bx+\dfrac{3}{4}$ …② の交点 A，B の x 座標がそれぞれ -1 と 3 のとき，a，b の値を求めなさい。また，$\triangle AOB$ の面積を求めなさい。

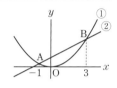

注目 グラフの交点の座標はグラフの式を成り立たせる

交点 A，B の x 座標を①，②に代入して，

$$\begin{cases} a \times (-1)^2 = b \times (-1) + \dfrac{3}{4} & \cdots③ \\ a \times 3^2 = b \times 3 + \dfrac{3}{4} & \cdots④ \end{cases}$$

交点の y 座標はそれぞれ等しい

③，④を解くと，$a = \dfrac{1}{4}$，$b = \dfrac{1}{2}$ **答**

右の図のように，②のグラフと y 軸の交点をCとすると，

$$\triangle AOB = \triangle OAC + \triangle OBC$$

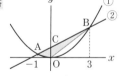

$\triangle OAC$ と $\triangle OBC$ の底辺を OC とすると，$OC = \dfrac{3}{4}$ だから，

直線②の切片

$$\triangle AOB = \underbrace{\frac{1}{2} \times \frac{3}{4} \times 1}_{\triangle OAC} + \underbrace{\frac{1}{2} \times \frac{3}{4} \times 3}_{\triangle OBC} = \frac{3}{2}$$ **答**

28 基本の作図

☑ 基本の作図

(1)直線外の点を通る垂線

Pを通る ℓ の垂線

(2)直線上の点を通る垂線

Oを通る ℓ の垂線

(3)垂直二等分線

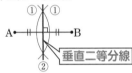

垂直二等分線

垂直二等分線上の点は,
2点A, Bからの距離が
等しい。

(4)角の二等分線

角の二等分線

角の二等分線上の点は,
角の2辺からの距離が
等しい。

例 右の△ABCの高さ AH の作図
➡点**A**を通る,辺 BC の**垂線**を作図すれば
よい。

例 右の線分 AB の中点 M の作図
➡線分 AB の**垂直二等分線**を作図すれば
よい。

作図の問題は入試頻出。**図形の性質を利用して作図するもの**もある。基本的な作図方法はマスターしておこう。

入試に出る 実戦例題解法

☑ 1 角の作図

右の図で，∠AOB＝135°となる半直線 OB を作図しなさい。

O _____ A

注目 135°＝90°＋45°より，**90°の角を作図してから，45°の角を作図**

①〔**90°の角の作図**〕

AO をのばし，点 O を通る AP の **垂線OQ** を作図する。

②〔**45°の角の作図**〕

∠POQ の**二等分線 OB** を作図する。

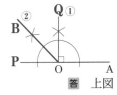

答 上図

☑ 2 距離の等しい点の作図

右の図の△ABC で，2 点 A，B からの距離が等しく，2 辺 AB，AC までの距離が等しい点 D を作図しなさい。

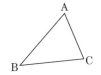

注目 2点から等距離→**垂直二等分線**，2辺から等距離→**角の二等分線**

①辺 AB の**垂直二等分線**を作図する。

②∠BAC の**二等分線**を作図する。

③①と②の交点を D とする。

答 右図

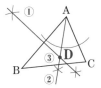

29 図形の移動

☑ 平行移動

(1)**平行移動** … 図形を，一定の方向に，
一定の距離だけ**ずらす移動**。

(2)**平行移動の性質** … 対応する点を結ぶ
線分は**平行**で，その**長さは**等しい。

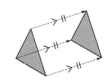

☑ 回転移動

(1)**回転移動** … 図形を，1つの点を
中心として，一定の角度だけ
回転させる移動。

(2)**回転移動の性質** … 対応する点は，
回転の中心からの**距離**が等しく，
回転の中心と結んでできた**角**の大きさはすべて**等しい**。

← **回転の中心**

☑ 対称移動

(1)**対称移動** … 図形を，1つの直線を
折り目として**折り返す移動**。

(2)**対称移動の性質** … 対応する点を結
ぶ線分は，**対称の軸**によって**垂直**
に**2等分**される。

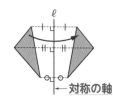
ℓ
← **対称の軸**

例 右の図で，△AEO を，
①平行移動させたのは，△OFC
②点Oを中心として180°回転移動させ
たのは，△CGO
　└ 点対称移動
③HF を軸として対称移動させたのは，△DGO

図形の移動は，**作図や関数の問題の一部として出題される**ことが多い。**3つの移動のちがいと性質**を覚えておこう。

入試に出る 実戦例題解法

☑ 1 対称移動させた図形

右の図で，おうぎ形 DEF は，おうぎ形 ABC を対称移動させたものである。対称の軸 ℓ を作図しなさい。

注目 対称移動の**対応する点の性質**を利用する

対応する点を結ぶ線分は，**対称の軸**によって**垂直に2等分**される。対応する点は，点 A と点 D，点 B と点 E，点 C と点 F である。

〈作図のしかた〉

①対応する点 A と点 D を結ぶ。

②線分 AD の**垂直二等分線**を作図する。

（線分 BE，線分 CF の垂直二等分線でもよい。）

答 右図

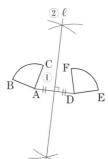

参考 2点 P，Q から距離が等しい点は，線分 PQ の垂直二等分線上にある。

30 円の性質

☑ 円の性質

(1)円の中心と弦(げん)

①円の中心から弦にひいた垂線は，その
弦を2等分する。

②弦の垂直二等分線は，その円の**中心**
を通る。

弦

・O

例 3点 A，B，C を通る円の中心 O の作図

①線分 AB の**垂直二等分線**を作図
する。

②線分 BC の**垂直二等分線**を作図
する。

③①と②の**交点**を O とする。

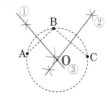

☑ 円の接線

(1)円の接線 … 右の図のように，直線 ℓ が
円 O の周上の1点 A で交わるとき，
ℓ は円 O に**接する**といい，ℓ を円 O の
接線，点 A を**接点**という。

接線

O

ℓ

接点 A

(2)接線の性質 … 円の接線は，**接点を通る半径**に**垂直**である。
右上の図で，ℓ⊥**OA**

(3)円の接線の長さ … 右の図のように，
円外の点 P から円 O にひいた2つの
接線の長さは等しい。
右の図で，PA＝**PB**

A

P ------ O

B

円の性質を使った作図や証明問題が出題されることが多い。
円やその接線の基本の性質を確実に身につけておこう。

★★★
★★★
★★

入試に出る 実戦例題解法

☑ 1 円の作図

右の図のように，直線ℓと2点A，Bが
ある。点A，Bを通り，直線ℓ上に中心が
ある円Oと，その中心Oを作図しなさい。

•A

ℓ ——————

B•

注目 円の中心から円周上の点までの**距離は等しい**ので，**中心O
は線分ABの垂直二等分線上にある**

①線分ABの**垂直二等分線**を作図する。
②①と直線ℓの交点を**O**とする。
③点Oを中心とし，OA(OB)を**半径**とす
る円をかく。　　　　　　**答** 右図

☑ 2 接線の作図

右の図の円Oで，円周上の点Aを接点と
する接線を作図しなさい。

A•　•O

注目 円Oの接線は，**接点を通る**半径OAに垂直

点Aを通る，OAの**垂線**を作図すれば
よい。
①2点O，Aを通る半直線をひく。
②点Aを通る，半直線OAの**垂線**を作図
する。　　　　　　　　**答** 右図

31

第4章 図形

平面図形の計量

☑ 平面図形の計量

(1) 三角形の面積

$$S=\frac{1}{2}ah$$

（底辺 a，高さ h，面積 S）

(2) 平行四辺形の面積

$$S=ah$$

（底辺 a，高さ h
面積 S）

(3) 台形の面積

$$S=\frac{1}{2}(a+b)h$$

（上底 a，下底 b，高さ h，面積 S）

(4) ひし形の面積

$$S=\frac{1}{2}ab$$

（2つの対角線 a，b，面積 S）

☑ 円とおうぎ形の計量

(1) 円の周の長さと面積

周の長さ $\ell=2\pi r$
面積　　$S=\pi r^2$ 　（半径 r）

例 半径 4 cm の円の周の長さは，$2\pi\times4=8\pi$(cm)，

面積は，$\pi\times4^2=16\pi$(cm^2)

(2) おうぎ形の弧の長さと面積

弧の長さ $\ell=2\pi r\times\dfrac{a}{360}$ 　（半径 r
中心角 $a°$）

面積　　$S=\pi r^2\times\dfrac{a}{360}$，$S=\dfrac{1}{2}\ell r$

中心角

例 半径 6 cm，中心角60°のおうぎ形の

弧の長さは，$2\pi\times6\times\dfrac{60}{360}=2\pi$(cm)，

面積は，$\pi\times6^2\times\dfrac{60}{360}=6\pi$(cm^2)

入試ナビ 平面図形の計量は，**立体の表面積を求める**ときによく使われる。また，**おうぎ形の弧の長さや面積**に関する出題が目立つ。

入試に出る 実戦例題解法

☑ **1 おうぎ形の中心角と弧の長さ**

右の図は，中心角 72°，弧の長さ 2π cm
のおうぎ形である。このおうぎ形の半径を
求めなさい。

注目 おうぎ形の**半径を r として，弧の長さを求める式にあてはめる**

おうぎ形の半径を r とすると，$2\pi r \times \dfrac{72}{360} = 2\pi$ より，$r = 5$

よって，**5 cm** 答

☑ **2 おうぎ形と組み合わせた図形の面積**

右の図のように，AB＝4 cm，
BC＝8cm，∠B＝90°の直角三角形 ABC
を，点 B を中心に，90°回転移動した
△A′BC′がある。色のついた部分の面積
を求めなさい。

注目 **直角三角形とおうぎ形に分けて考える**

色のついた部分は，△ABC とおうぎ形 BCC′ に分けられる。おうぎ形は中心角が90°だから，

$$\underbrace{\frac{1}{2} \times 4 \times 8}_{\triangle ABC の面積} + \underbrace{\pi \times 8^2 \times \frac{90}{360}}_{おうぎ形 BCC′の面積} = 16 + 16\pi (cm^2)$$ 答

32 いろいろな立体

☑ 立体と展開図

(1) 角柱・円柱
角錐・円錐

三角柱　　円柱　　四角錐　　円錐

例 正四角錐の，側面の形は合同な4つの**二等辺三角形**で，底面の形は**正方形**である。

(2) 立体の展開図

円柱

底面

側面

底面

同じ長さ

角錐

側面

底面

円錐

側面

同じ長さ

底面

例 円柱の側面の展開図の形は**長方形**である。

例 円錐の側面の展開図の形は**おうぎ形**で，その弧の長さと底面の円の周の長さは**等しい**。

(3) 正多面体 … どの面も**合同**な正多角形で，どの頂点にも**面**が同じ数だけ集まっている，へこみのない多面体。

正多面体は次の**5種類**だけである。

正四面体　　正六面体　　正八面体　　正十二面体　　正二十面体
　　　　　（立方体）

例 正四面体の頂点の数は4，辺の数は6

入試ナビ 入試では，図がなく，立体の名前だけで体積などを求めることがある。**名前と形が一致する**ようにしておこう。

★★★
★★★
★★★

入試に出る 実戦例題解法

☑ 1 立体の展開図

右の図は，ある正多面体の展開図である。組み立ててできる立体の名前を答えなさい。また，そのときに点Aと重なる点をすべて答えなさい。

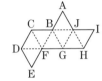

注目 展開図の**面の数**に注目し，**見取図**を考える

面の数が8である正多面体は，

正八面体 答

この立体の見取図は，右のようになり，点Aと重なる点は点C，点I 答

☑ 2 立体の特徴

四角柱，四角錐，四面体のうち，頂点の数が最も多いのはどの立体か，答えなさい。

注目 立体の**見取図**をかいて考える

右の見取図から，頂点の数は，四角柱が8，四角錐が5，四面体が4である。

したがって，頂点の数が最も多いのは**四角柱** 答

四角柱

四角錐

四面体

直線や平面の位置関係

☑ 2直線の位置関係

(1) ねじれの位置 … 平行でなく，交わらない2直線は，
ねじれの位置にあるという。

(2) 2直線の位置関係

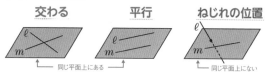

交わる　　　　平行　　　　ねじれの位置

同じ平面上にある　　　　　　　　　　同じ平面上にない

☑ 直線と平面の位置関係

(1) 直線と平面の垂直

右の図で，$\ell \perp m$，$\ell \perp n$ ➡ $\ell \perp P$
ならば

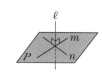

(2) 2平面の位置関係

交わる　　　　　　　　平行

(3) 2平面の垂直

右の図で，$CD \perp AB$，$CE \perp AB$ のとき
$\angle DCE = 90°$ ➡ $P \perp Q$
ならば

例 右の図の立方体で，

① 辺 AB に垂直な面は，面 AEHD と
面 BFGC

② 面 ABCD に平行な面は，面 EFGH

③ 面 ABCD に垂直な面の数は，4

入試ナビ　直線や平面の位置関係は，**展開図の形**で出る場合が多い。
重なる頂点を見つけ，正しく見取図をかけるようにしよう。

★★★
★★★
★★

第4章 図形

入試に出る 実戦例題解法

☑ **1 ねじれの位置**

右の図の三角柱で，辺 BE とねじれの位置に
ある辺をすべて答えなさい。

注目 平行でなく，交わらない直線を探す

辺 BE と平行な辺は辺 AD，CF，← 右下図の○印
交わる辺は辺 AB，CB，DE，FE ← 右下図の×印
よって，辺 BE とねじれの位置にある辺は，
辺 AC，辺 DF 答

☑ **2 直線や平面の位置関係**

右の図の展開図を組み立ててできる
立方体について，辺 AN，面アとそれ
ぞれ平行な面を記号で答えなさい。

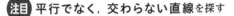

注目 組み立てた立方体の見取図をかいて考える

組み立てた立方体の見取図は，
右のようになる。

辺 AN と平行な面は，
面**イ**，面**エ** 答

面**ア**と平行な面は，面**オ** 答

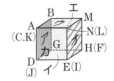

34 回転体と投影図

☑ 回転体と投影図

(1)**回転体** … 平面図形を，1つの
直線を軸に**1回転**させてでき
る立体。

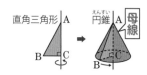
直角三角形　円錐　母線

例 長方形を，その1辺を軸として1回転
させてできる立体は，**円柱**である。

例 半円を，直径を軸として1回転させて
できる立体は，**球**である。

(2)**投影図** … 立体を正面から見た図を**立面図**，真上から見た図
を**平面図**といい，これらを組み合わせた図を**投影図**という。

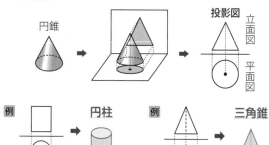

円錐　　投影図　立面図　平面図

例 円柱
底面が円，
側面が長方形に見える立体

例 三角錐
底面が三角形，
側面も三角形の立体

入試に出る 実戦例題解法

1 回転体の体積

右の図形を，辺 EF を軸として 1 回転 させてできる立体の体積を求めなさい。

注目 回転体の**底面は円**になる

回転させてできる立体は，右のよう に 2 つの**円柱**を組み合わせたものになる。 したがって，体積は，

$$\underset{\text{小さい円柱}}{\underline{\pi \times 5^2 \times 5}} + \underset{\text{大きい円柱}}{\underline{\pi \times 10^2 \times 5}} = 625\pi \,(\text{cm}^3)$$ **答**

参考 円柱の体積の公式は78ページを見よう。

2 投影図

下の(1)～(3)の投影図は，何という立体ですか。

(1)

(2)

(3)

注目 **立面図**は正面から見た図，**平面図**は真上から見た図

(1) 底面が四角形，側面が三角形なので，**四角錐** **答** ← 正四角錐 でもよい

(2) 底面が三角形，側面が長方形なので，**三角柱** **答**

(3) どこから見ても円になるのは，**球** **答**

空間図形の計量

☑ 角柱・円柱の体積，表面積

(1) 角柱・円柱の体積

$V = Sh$ （底面積 S，高さ h，体積 V）

円柱の体積 … $V = \pi r^2 h$（底面の半径 r）

(2) 角柱・円柱の表面積 … 表面積＝**側面積＋底面積×2**

角柱・円柱の底面は2つある

☑ 角錐・円錐の体積，表面積

(1) 角錐・円錐の体積

$V = \dfrac{1}{3} Sh$ （底面積 S，高さ h 体積 V）

円錐の体積 … $V = \dfrac{1}{3} \pi r^2 h$ （底面の半径 r）

(2) 角錐・円錐の表面積 ＝ 表面積＝**側面積＋底面積**

例 右の円錐の体積 V と表面積 S は，

$V = \dfrac{1}{3} \times \pi \times 3^2 \times 4 = 12\pi \, (\text{cm}^3)$

$S = \dfrac{1}{2} \times (2\pi \times 3) \times 5 + \pi \times 3^2$

$\quad = 24\pi \, (\text{cm}^2)$ 側面のおうぎ形の面積
$\dfrac{1}{2}\ell r$（底面の円周 ℓ，母線 r）

等しい

☑ 球の体積，表面積

(1) 球の体積 … $V = \dfrac{4}{3} \pi r^3$ (2) 球の表面積 … $S = 4\pi r^2$

（半径 r，体積 V，表面積 S）

入試ナビ 円柱や円錐の体積，表面積を求める問題がよく出題される。図形を組み合わせた立体の計量にも慣れておこう。

★★★
★★★
★★

第4章 図形

入試に出る 実戦例題解法

1 立体の表面積

右の図は，円柱の投影図である。この円柱の表面積を求めなさい。

注目 展開図で，側面の長方形の横の長さは，**底面の円周と等しい**

底面の円の半径は，$8 \div 2 = 4 \,(\text{cm})$

展開図で，側面の長方形の横の長さは，

$2\pi \times 4 = 8\pi \,(\text{cm})$

よって，$\underbrace{8 \times 8\pi}_{\text{側面積}} + \underbrace{\pi \times 4^2 \times 2}_{\text{底面積}} = 96\pi \,(\text{cm}^2)$ **答**

2 立体の体積

右の図は，中心角 $90°$ のおうぎ形と直角三角形を組み合わせたものである。直線 ℓ を軸として1回転させてできる立体の体積を求めなさい。

注目 回転体は，**半球と円錐を組み合わせたもの**

右のような，半径 $3\,\text{cm}$ の半球と，底面の半径が $3\,\text{cm}$，高さが $4\,\text{cm}$ の円錐を組み合わせた立体になる。

$$\underbrace{\frac{4}{3} \times \pi \times 3^3 \times \frac{1}{2}}_{\text{球の体積} \frac{4}{3}\pi r^3} + \underbrace{\frac{1}{3} \times \pi \times 3^2 \times 4}_{\text{円錐の体積} \frac{1}{3}\pi r^2 h} = 30\pi \,(\text{cm}^3)$$ **答**

36 角の基本性質

☑ 角の基本性質

(1) **対頂角の性質** … 対頂角は等しい。

右の図で，$\angle a = \angle c$，$\angle b = \angle d$

(2) **平行線の性質** … 平行線の**同位角**，**錯角**は等しい。

右の図で，$\ell /\!/ m$ ならば，

$\angle a = \angle d$，$\angle b = \angle c$

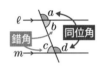

例 右の図で，$\ell /\!/ m$ のとき，

$\angle x = 110°$，$\angle y = 110°$

$\angle z = 70°$

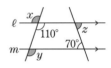

☑ 三角形の内角と外角

(1) **三角形の内角の和** … 180°

(2) **三角形の外角** … それととなり合わない
2つの内角の和に等しい。

右の図で，$\angle ACD = \angle A + \angle B$

例 右の図で，

$\angle x = 70° + 50° = 120°$

└──────┘∠xととなり合わない内角

☑ 多角形の内角と外角

(1) **n 角形の内角の和** … $180° \times (n - 2)$

(2) **多角形の外角の和** … 360°   ←どんな多角形でも同じ

例 六角形の内角の和は，$180° \times (6 - 2) = 720°$

外角の和は，360°

入試に出る 実戦例題解法

1 平行線と角，三角形の角

次の図で，∠x の大きさを求めなさい。

(1)

(2)

(3)

注目 (2)は，補助線をひき，**平行線の錯角**を利用する

(1) $33°+45°+∠x=180°$，$∠x=102°$ **答**

(2) 右の図のように，直線 ℓ，m に平行で55°の角の頂点を
通る直線をひくと，錯角が等しいから，

$∠x=55°-20°=35°$ **答**
　　　　　└ $180°-160°$

(3) 2つの三角形に共通な外角を考えると，
三角形の内角と外角の関係から，

$∠x+65°=30°+80°$，$∠x=45°$ **答**
　└ 左の三角形　└ 右の三角形

2 多角形の内角と外角

正八角形の1つの内角の大きさを求めなさい。

注目 まず，正八角形の**内角の和**を求める

$180°×(8-2)=1080°$，$1080°÷8=135°$ **答**
　　　　　└ 正八角形の　　　　　　　　┌ 正多角形の内角の大きさ
　　　　　　内角の和　　　　　　　　　　はすべて等しい。

37 合同な図形

☑ **合同な図形**

(1)三角形の合同条件

①**3組の辺**がそれぞれ等しい。

$AB=A'B'$, $BC=B'C'$, $CA=C'A'$

②**2組の辺とその間の角**がそれぞれ等しい。

$AB=A'B'$, $BC=B'C'$, $\angle B=\angle B'$

③**1組の辺とその両端の角**がそれぞれ等しい。

$BC=B'C'$, $\angle B=\angle B'$, $\angle C=\angle C'$

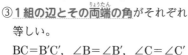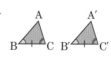

例 右の図の2つの三角形で，対頂角が等しいから，上の合同条件②より，

$\triangle OAC \equiv \triangle OBD$ ← 対応する頂点の順に書く

└ 合同を表す記号

(2)直角三角形の合同条件

①**斜辺と1つの鋭角**がそれぞれ等しい。

$AB=A'B'$, $\angle B=\angle B'$

②**斜辺と他の1辺**がそれぞれ等しい。

$AB=A'B'$, $BC=B'C'$

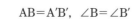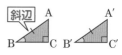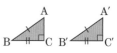

例 右の図で，**AH**は共通だから，上の直角三角形の合同条件②より，

$\triangle ABH \equiv \triangle ACH$

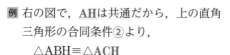

三角形の合同条件は，**図形の証明問題でよく使われる。さま**ざまな図形の性質から合同条件を導くものが多い。

★★★
★★★

実戦例題解法

■ 直角三角形の合同条件を使った証明

右の図のように，正方形 ABCD がある。辺 BC 上に，2点 B，C と異なる点 E をとり，点 D と点 E を結ぶ。点 A から線分 DE に垂線をひき，その交点を F とする。また，点 C から線分 DE に垂線をひき，その交点を G とする。

このとき，DF＝CG であることを証明しなさい。

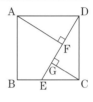

注目 DF，CG をふくむ2つの**三角形の合同を示す**

〔証明〕△AFD と△DGC で，

仮定より，∠AFD＝∠DGC＝90° …①

四角形 ABCD は正方形だから，

$\quad$ AD＝DC …② ← 正方形の4つの辺は等しい

$\quad$ ∠ADF＝90°－∠CDG …③ ← 正方形の1つの内角は90°

$\quad$ ∠DCG＝180°－(90°＋∠CDG)＝90°－∠CDG …④

③，④より，∠ADF＝∠DCG …⑤

①，②，⑤より，**直角三角形の斜辺と1つの鋭角が**それぞれ等しいから，

$\quad$ △AFD≡△DGC

合同な図形の対応する**線分の長さ**は等しいから，

$\quad$ DF＝CG

38 三角形の性質

☑ 二等辺三角形

(1)〈定義〉**2つの辺が等しい**三角形。

(2)〈性質〉①2つの<u>底角</u>は等しい。

②頂角の二等分線は，**底辺を垂直に2等分**する。

例 右の図で，

$$\angle B = \underbrace{90^\circ - 50^\circ}_{\angle AHC = 90^\circ} = 40^\circ, \quad \angle C = 40^\circ$$

$$BH = 8 \div 2 = 4 \,(cm)$$

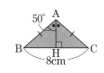

(3)**二等辺三角形になるための条件**

〈定理〉**2つの角が等しい**三角形は，二等辺三角形である。

☑ 正三角形

(1)〈定義〉**3つの辺が等しい**三角形。

(2)〈性質〉3つの角は等しい。

(3)**正三角形になるための条件**

〈定理〉**3つの角が等しい**三角形は，正三角形である。

例 右の図で，AB＝BC＝CA ならば，

∠A＝<u>60°</u>

入試に出る 実戦例題解法

☑ **1 二等辺三角形の性質を使った証明**

右の図は，AB＝AC の二等辺三角形である。EB＝FC となるように，辺 AB 上に点 E，辺 AC 上に点 F をとる。このとき，△ABF≡△ACE であることを証明しなさい。

注目 二等辺三角形の性質を使って証明する

〔証明〕　△ABF と△ACE で，
仮定より，AB＝AC　…①
①と EB＝FC より，AF＝**AE**　…②
　∠A は共通　…③
①，②，③より，**2 組の辺とその間の角**
がそれぞれ等しいから，△ABF≡△ACE

☑ **2 二等辺三角形と角**

右の図の△ABC は AB＝AC で，点 D は辺 AB 上の点である。このとき，∠ADC の大きさを求めなさい。

注目 AB＝AC より△ABC は二等辺三角形

△ABC は二等辺三角形だから，∠B＝∠**ACB**
よって，∠B＝$(180°-70°)÷2=55°$
∠ADC＝$55°+20°=75°$　**答**
└── △DBC の外角

四角形の性質

☑ 平行四辺形

(1) 〈定義〉 2組の対辺がそれぞれ平行な四角形。

(2) 〈性質〉

① **2組の対辺**はそれぞれ等しい。

AB＝**DC**，AD＝**BC**

② **2組の対角**はそれぞれ等しい。

∠A＝∠**C**，∠B＝∠**D**

③ **対角線**はそれぞれの**中点**で交わる。

AO＝**CO**，BO＝**DO**

(3) 平行四辺形になるための条件

① **2組の対辺**がそれぞれ**平行**である。（定義）

② **2組の対辺**がそれぞれ等しい。

③ **2組の対角**がそれぞれ等しい。

④ **対角線**がそれぞれの**中点**で交わる。

⑤ **1組の対辺**が**平行**で，その**長さ**が等しい。

☑ 特別な平行四辺形の対角線

(1) **長方形** … 対角線の**長さ**が**等しい**。
　└〈定義〉4つの角が等しい

(2) **ひし形** … 対角線が**垂直**に交わる。
　└〈定義〉4つの辺が等しい

(3) **正方形** … 対角線の**長さ**が**等しく**，**垂直**に交わる。
　└〈定義〉4つの角が等しく，4つの辺が等しい

実戦例題解法

☑ **1 平行四辺形の角**

右の図は，平行四辺形 ABCD で，E は辺 AD 上の点で AB＝AE である。∠EBC の大きさを求めなさい。

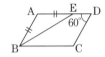

注目 平行四辺形の**辺や角の性質**に着目

$\angle$BAE＝180°－60°＝120°　　　**参考** 平行四辺形のとなり
　　　　　　　　　　　　　　　　　　合う内角の和は180°

$\angle$ABE＝$\angle$AEB＝(180°－120°)÷2＝30°　←△ABEは二等辺三角形

$\angle$EBC＝$\angle$AEB＝30°　**答**
　　　　　　　　　　AD∥BC で錯角は等しい

☑ **2 平行四辺形の性質を使った証明**

右の図の平行四辺形 ABCD で，対角線の交点を O とし，O を通る直線が辺 AB，DC と交わる点を E，F とする。△AEO≡△CFO を証明しなさい。

注目 平行四辺形の性質から，**等しい辺や角を見つける**

〔証明〕 △AEO と △CFO で，平行四辺形の対角線はそれぞれの中点で交わるから，OA＝**OC**　…①

対頂角は等しいから，∠AOE＝∠COF　…②

AB∥DC で，錯角は等しいから，∠EAO＝∠FCO　…③

①，②，③より，**1組の辺とその両端の角**がそれぞれ等しいから，△AEO≡△CFO

40 平行線・三角形と面積

☑ 平行線と面積

(1) 平行線と面積 … 右の図で,

PR∥AB ならば,

$$\triangle PAB = \triangle QAB = \triangle RAB$$

面積が等しいことを表す

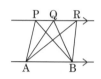

例 右の図はAD∥BC の台形で,

$$\triangle ABC = \triangle DBC, \quad \triangle ABD = \triangle ACD$$

(2) 等積変形 … 平行線と面積の関係を利用して,**図形の面積を変えずに形を変える**ことができる。

例 右の図で,点 D を通り,AC に平行な直線をひくと,△DAC = △EAC だから,

四角形 ABCD = △ABE

☑ 三角形と面積比

(1) 高さが等しい三角形の面積比

… 底辺の長さの比に等しい。

右の図で,△ABD : △ADC = $a : b$

(2) 底辺が等しい三角形の面積比

… 高さの比に等しい。

例 右の図で,

$$\triangle ABC : \triangle DBC = 4 : 3$$

△ABC の高さ △DBC の高さ

入試に出る 実戦例題解法

☑ 1 平行四辺形と三角形の面積

右の図の平行四辺形 ABCD で，E，
F はそれぞれ辺 AB，BC 上の点で，
AC∥EF である。このとき，△AEC
と面積が等しい三角形をすべて答えなさい。

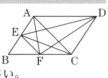

注目 平行四辺形の対辺は平行であることも利用する

底辺 AE が共通，AB∥DC より，△AEC＝△AED

底辺 AC が共通，AC∥EF より，△AEC＝△AFC

また，△AFC は，底辺 FC が共通，AD∥BC より，

　　△AFC＝△DFC　　　**答** △AED，△AFC，△DFC

☑ 2 三角形の面積比

右の図の△ABC で，辺 BC の中点を M，
BC の延長上の MC＝CD となる点を D と
する。辺 AD 上に AB∥EC となる点 E を
とるとき，△ABD の面積は△EBD の面積
の何倍になるか求めなさい。

注目 M は BC の中点だから，**△ABM＝△ACM**

AB∥EC より △EBC＝△EAC だから，△EBD＝△ACD

BM＝MC＝CD だから，△ABM＝△ACM＝△ACD

よって，△ABD の面積は△EBD の面積の3倍 **答**

41 相似な図形

☑ 相似な図形

(1)相似な図形の性質

①対応する線分の長さの
比は，すべて等しい。

②対応する角の大きさは，
それぞれ等しい。

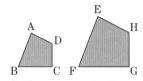

四角形 ABCD ∽ 四角形 EFGH

相似を表す記号

(2)相似比 … 相似な図形の対
応する部分の長さの比。

例 右の図は，△ABC∽△PQR
で，AB：PQ＝3：6 だから，
相似比は 1：2

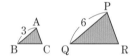

☑ 三角形の相似

(1)三角形の相似条件

①3組の辺の比がすべて等しい。

$a : a' = b : b' = c : c'$

②2組の辺の比が等しく，
その間の角が等しい。

$a : a' = c : c'$, $\angle B = \angle B'$

③2組の角がそれぞれ等しい。

$\angle B = \angle B'$, $\angle C = \angle C'$

三角形の相似を利用する問題の出題は非常に多い。円の性質がからんだものも多い。

★★★
★★★
★★

入試に出る 実戦例題解法

1 三角形の相似条件の利用

右の図のように，△ABC の辺 BC の延長上に∠CBA＝∠CAD となる点 D をとる。∠ADC の二等分線が辺 AC，AB と交わる点をそれぞれ E，F とする。

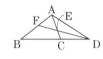

(1) △ADF∽△CDE であることを証明しなさい。

(2) AF＝3cm，EC＝2cm，CD＝6cm のとき，AD の長さを求めなさい。

注目 (1)FD は∠ADC の二等分線だから，∠ADF＝∠CDE

(1)〔証明〕 △ADF と△CDE で，仮定より，

$$\angle ADF = \angle CDE \quad \cdots①$$

$$\angle CBA = \angle CAD \quad \cdots②$$

また，$\angle FAD = \angle BAC + \angle CAD \quad \cdots③$

三角形の内角と外角の関係より， ← 三角形の外角は，それととなり合う2つの内角の和に等しい

$$\angle ECD = \angle BAC + \angle CBA \quad \cdots④$$

②，③，④より，$\angle FAD = \angle ECD \quad \cdots⑤$

①，⑤より，**2組の角**がそれぞれ等しいから，

$$\triangle ADF \backsim \triangle CDE$$

(2) (1)より，△ADF∽△CDE だから，

AF : CE＝AD : CD より，3 : 2＝AD : 6

よって，AD＝9cm 答

42 平行線と線分の比

☑ 平行線と線分の比

(1)三角形と比

右の図で,

①DE∥BC ならば,

AD：AB＝AE：AC＝DE：BC

AD：DB＝AE：EC

②AD：AB＝AE：AC または

AD：DB＝AE：EC ならば, **DE∥BC** ←①の逆

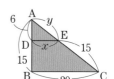

例 右の図で, DE∥BC のとき,

6：15＝x：20 より, x＝8

6：9＝y：15 より, y＝10

└ 15−6

(2)平行線と線分の比

右の図で, a∥b∥c ならば,

AB：BC＝A′B′：B′C′

また, AB：A′B′＝BC：B′C′

参考 右の図のような場合も, 平行線と線分の比の関係は成り立つ。

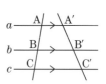

例 右の図で, ℓ∥m∥n のとき,

8：x＝12：9

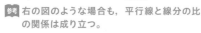
└ 21−9

x＝6

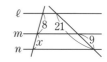

入試に
出る **実戦例題解法**

☑ 1 三角形と比，平行線と線分の比

次の図で，x の値（あたい）を求めなさい。

(1) DE∥BC

(2) $\ell \parallel m \parallel n$

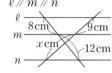

注目 (1)**三角形と比**，(2)**平行線と線分の比**の関係を使う

(1) DE∥BC だから，AD：AC＝AE：**AB** より，

$4 : 6 = 5 : x$, $x=7.5$ 答

(2) $\ell \parallel m \parallel n$ より，$8 : 12 = 9 : x$, $x=13.5$ 答

☑ 2 三角形と比

右の正方形 ABCD で，辺 AD の延長上
に DE＝$\frac{1}{2}$AD となる点Eをとり，BEと
DC との交点を F，AC との交点を G とす
る。BG＝10cm のとき，GE の長さを求めなさい。

注目 三角形と比の関係より，**BG と GE の辺の比**を考える

AE∥BC より，BG：GE＝BC：**AE**＝2：3

└DE＝$\frac{1}{2}$AD より，AE＝$\frac{3}{2}$AD

よって，10：GE＝2：3，GE＝15cm 答

43 中点連結定理, 相似な図形の計量

☑ **中点連結定理**

(1) **中点連結定理** … △ABC で, 2辺 AB, AC
の中点を M, N とするとき,

$$MN /\!/ BC, \quad MN = \frac{1}{2}BC$$

(2) △ABC で, 辺 AB の**中点 M** を通り辺 BC
に**平行**な直線は, **辺 AC の中点 N を通る。**

例 右の図で, 点 S, T はそれぞれ辺 PQ,
PR の中点だから, ST /\!/ **QR**

$$x = \frac{1}{2} \times 14 = 7 \quad \leftarrow ST = \frac{1}{2}QR$$

☑ **相似な図形の計量**

(1) **相似な図形の周の長さの比, 面積比**

相似比が *m* : *n* ならば, 周の長さの比は *m* : *n*

面積比は $m^2 : n^2$

(2) **相似な立体の表面積の比, 体積比**

相似比が *m* : *n* ならば, 表面積の比は $m^2 : n^2$

体積比は $m^3 : n^3$

例 ① 右の2つの相似な三角形 A, B で,
相似比は 2 : 3 だから, 面積比は
4 : 9
　↑ 4:6=2:3
　↑ 2^2 ↑ 3^2

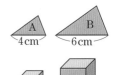

② 右の2つの立方体 A, B で, 相似
比は 2 : 3 だから, 体積比は 8 : 27
　　　　　　　　　　　　　↑ 2^3 ↑ 3^3

入試ナビ 中点連結定理は，**証明の根拠として使われる**場合も多い。

相似な図形の計量は，近年出題が増えている。

★★★
★★★
★★★
★★★

入試に出る 実戦例題解法

1 中点連結定理

右の△ABC で，辺 AB の中点を D，
辺 BC を 3 等分した点を E，F とする。DC と AF の交点を G とするとき，AG の長さを求めなさい。

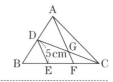

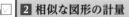

注目 まず，△ABF において，**中点連結定理を使う**

△ABF で，中点連結定理より，AF＝2×5＝10（cm）

└ DE＝$\frac{1}{2}$AF→AF＝2DE

△DEC で，中点連結定理より，GF＝$\frac{1}{2}$×5＝$\frac{5}{2}$（cm）

よって，AG＝AF－GF＝10－$\frac{5}{2}$＝$\frac{15}{2}$（cm） **答**

2 相似な図形の計量

右の図の円錐 A で，A を底面に平行な平面で切り取った円錐を B とする。このとき，A と B の次の比を求めなさい。
(1) 表面積の比　　(2) 体積比

注目 母線の長さの比は**相似比**と等しい

(1) 相似比は $\overset{\downarrow 5+2}{7}$：2 だから，表面積の比は$\overset{\downarrow 7^2}{49}$：$\overset{\downarrow 2^2}{4}$ **答**

(2) 相似比は 7：2 だから，体積比は343：8 **答**

└ 7³ └ 2³

第4章 図形

95

第4章 図形

44 円周角の定理

☑ 円周角の定理

(1)円周角の定理 … 1つの弧に対する円周角
の大きさは**一定**で，その弧に対する**中心角**
の半分である。右の図で，

$$\angle APB = \angle AQB = \frac{1}{2}\angle AOB$$

例 右の図で， $\angle x = \frac{1}{2} \times 100° = 50°$

↑ 中心角

$\angle y = 50°$ ← $\angle x$ と等しい

(2)円周角と弧 … 1つの円で，
①等しい円周角に対する**弧**は等しい。
②等しい弧に対する**円周角**は等しい。

(3)半円の弧に対する円周角（直径と円周角）
半円の弧に対する円周角は$90°$である。
右の図で， $\angle APB = \angle AQB = 90°$ ← $\frac{1}{2}\angle AOB$

例 右の図で， $\angle ABC = \angle ADC = 40°$

$\angle ACB = 90°$ ← 半円の弧に対する円周角

$\angle x = 180° - (40° + 90°) = 50°$

(4)円周角の定理の逆 … 右の図で，2点 P，Q
が直線 AB について同じ側にあって，

$\angle APB = \angle AQB$ ならば，**4点 A，B，P，Q**
は1つの円周上にある。

入試ナビ 円周角の定理を使う問題の出題は非常に多い。角度や長さを求めるものだけでなく、**証明問題も出る**ので要注意。

入試に出る 実戦例題解法

☑ 1 円周角の定理

右の円 O で、$\overset{\frown}{BC} : \overset{\frown}{CD} = 1 : 2$ である。
このとき、$\angle AEB$ の大きさを求めなさい。

注目 円周角は**中心角の半分**である

$$\angle AEB = 180° - (\angle BAE + 50°) = 130° - \angle BAE$$

$\overset{\frown}{BC} : \overset{\frown}{CD} = 1 : 2$ より、$\angle BOC = 60°$ ← $180° \times \dfrac{1}{3}$

よって、$\angle AEB = 130° - \dfrac{1}{2} \times 60° = \underline{100°}$ **答** ← $\angle BAE = \dfrac{1}{2} \angle BOC$

☑ 2 円周角の定理を利用した証明

右の図は、$\triangle ABC$ とその辺 BC を直径とする半円で、半円と AB, AC との交点を D, E とする。CD と BE の交点を F とするとき、$\triangle ABE \sim \triangle FCE$ を証明しなさい。

注目 **円周角の定理**や、**半円の弧に対する円周角**を利用する

〔証明〕 $\triangle ABE$ と $\triangle FCE$ で、

$\overset{\frown}{DE}$ の円周角だから、$\angle ABE = \angle FCE$ …①

また、$\angle BEC = 90°$ で、点 A, E, C は一直線上にあるから、
　└ 半円の弧に対する円周角

$$\angle AEB = \angle FEC = 90° \quad \cdots ②$$

①、②より、**2組の角**がそれぞれ等しいから、$\triangle ABE \sim \triangle FCE$

三平方の定理

☑ 三平方の定理

(1) 三平方の定理 … 右の直角三角形で,

$$a^2 + b^2 = c^2$$

直角をはさむ2辺　　斜辺

> **例** 右の図で, $4^2 + 2^2 = x^2$, $x^2 = 20$
> $x > 0$ だから, $x = \sqrt{20} = 2\sqrt{5}$

(2) 三平方の定理の逆 … 右の三角形で,
$a^2 + b^2 = c^2$ ならば, その三角形は,
c の辺を斜辺とする直角三角形。

> **例** 次の長さを3辺とする三角形で, 直角三角形なのは**イ**で
> ある。← いちばん長い辺を斜辺と考えて式にあてはめる
>
> ア. 2cm, 3cm, 4cm 　　 イ. 3cm, 4cm, 5cm
> 　$2^2 + 3^2 = 13, \ 4^2 = 16$ 　　 $3^2 + 4^2 = 25, \ 5^2 = 25$

☑ 平面図形への応用

(1) 2辺の長さが a, b の長方形の対角線
の長さ ℓ … $\ell = \sqrt{a^2 + b^2}$

(2) 1辺の長さが a の正方形の対角線の
長さ ℓ … $\ell = \sqrt{2}\,a$
　$\sqrt{a^2 + a^2} = \sqrt{2a^2} = \sqrt{2}\,a$

> **例** 2辺の長さが 4cm, 6cm の長方形の対角線の長さは,
> $\sqrt{4^2 + 6^2} = \sqrt{52} = 2\sqrt{13}$ (cm)

実戦例題解法

1 直角三角形の辺の長さ

右の図で，△ABC は∠A＝90°の直角三角形である。辺 BC の長さを求めなさい。

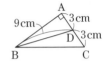

注目 **三平方の定理を使って，辺の長さを求める**

まず，△ABD で三平方の定理より，$AB^2 = 9^2 - 3^2 = 72$
　　　　　　　　　　　　　　　　　$\underset{BD^2-AD^2}{\underline{}}$

$AB > 0$ だから，$AB = 6\sqrt{2}$ cm

△ABC で三平方の定理より，$BC^2 = (3+3)^2 + (6\sqrt{2})^2 = 108$
　　　　　　　　　　　　　　　$\underset{AC^2+AB^2}{\underline{}}$

$BC > 0$ だから，$BC = 6\sqrt{3}$ cm **答**

2 平面図形の線分の長さ

右の図のように，M は線分 DC の中点で，AD＝2cm，BC＝9cm である。AB の長さを求めなさい。

注目 **△AMD と△MBC は相似である**

△AMD と△MBC で，∠ADM＝∠MCB

また，∠AMD＝90°−∠BMC，∠MBC＝90°−∠BMC
　　　$\underset{180°-∠AMB-∠BMC}{\underline{}}$　　　$\underset{180°-∠MCB-∠BMC}{\underline{}}$

よって，△AMD∽△MBC より，DM＝MC＝a とすると，
　　　　　　　　　　$\underset{2組の角がそれぞれ等しい}{\underline{}}$

$2 : a = a : 9$，　$a^2 = 18$
　　　　　　　　$\underset{DM^2=a^2}{\underline{}}$

△AMD で $AM^2 = 2^2 + 18 = 22$，△MBC で $MB^2 = 18 + 9^2 = 99$

よって，$AB^2 = \underset{AM^2}{22} + \underset{MB^2}{99} = 121$，$AB > 0$ だから，$AB = 11$cm **答**

第4章 図形

46 三平方の定理と平面図形

☑ **特別な直角三角形の辺の比**

(1) 直角二等辺三角形

　➡ $1 : 1 : \sqrt{2}$

(2) 60°の角をもつ直角三角形

　➡ $1 : 2 : \sqrt{3}$

例 右の図で，

$x : 5 = \sqrt{2} : 1$, $x = 5\sqrt{2}$

$y : 4 = 2 : 1$, $y = 8$

☑ **三平方の定理と平面図形**

(1) **正三角形の高さと面積**

　1辺の長さが a の正三角形の高さを h，

　面積を S とすると，

　$$h = \frac{\sqrt{3}}{2}a, \quad S = \frac{\sqrt{3}}{4}a^2 \leftarrow \frac{1}{2} \times a \times \frac{\sqrt{3}}{2}a$$

(2) **2点間の距離**

　2点 $A(x_1, y_1)$, $B(x_2, y_2)$ 間の距離を

　d とすると，

　$$d = \sqrt{(x_2 - x_1)^2 + (y_2 - y_1)^2}$$

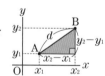

(3) **弦の長さ**

　半径 r の円で，中心 O からの距離が d である

　弦の長さを ℓ とすると，

　$$\ell = 2\sqrt{r^2 - d^2}$$

入試ナビ この項目の内容は入試によく出る。**線分の長さを求める問題**では、**直角三角形を見つけて三平方の定理を使う**とよい。

入試に出る 実戦例題解法

☑ 1 三平方の定理と平面図形

次の長さや距離を求めなさい。

(1) 高さが 6cm の正三角形の 1 辺の長さ

(2) 2 点$(-4, 2)$, $(2, -1)$間の距離

注目 (1) 1 辺の長さが a の正三角形の高さは $\dfrac{\sqrt{3}}{2}a$

---

(1) 1 辺の長さを a cmとすると、$\dfrac{\sqrt{3}}{2}a=6$, $a=4\sqrt{3}$ (cm) **答**

(2) $\sqrt{\{2-(-4)\}^2+(-1-2)^2}=\sqrt{45}=3\sqrt{5}$ **答**

☑ 2 特別な直角三角形

右の図の四角形 ABCD で、辺 AB 上に ED∥BC となる点 E をとる。$\angle A=90°$, $\angle B=60°$, $AE=3\sqrt{6}$ cm, $EB=8\sqrt{6}$ cm のとき、次の長さや高さを求めなさい。

(1) ED の長さ　(2) 台形 EBCD の高さ

注目 $60°$ の角をもつ直角三角形の辺の比を利用する

---

(1) ED∥BC より、$\angle AED=\angle ABC=60°$ だから、

$3\sqrt{6}:ED=1:2$, $ED=6\sqrt{6}$ cm **答**

(2) E から BC に**垂線 EH** をひく。

△EBH は $\angle EBH=60°$の直角三角形だから、

$8\sqrt{6}:EH=2:\sqrt{3}$, $EH=12\sqrt{2}$ cm **答**

台形 EBCD の高さ

47 三平方の定理と空間図形

☑ 三平方の定理と空間図形

(1)直方体の対角線の長さ

3辺の長さが a, b, c の直方体の対角線の長さ ℓ は，

$$\ell=\sqrt{a^2+b^2+c^2}$$

↑（底面の対角線の長さ）²

(2)立方体の対角線の長さ

1辺の長さが a の立方体の対角線の長さ ℓ は，$\ell=\underline{\sqrt{3}\,a}$ ← $\sqrt{a^2+a^2+a^2}$

例 3辺の長さが1cm，2cm，2cmの直方体の対角線の長さは，$\sqrt{1^2+2^2+2^2}=\sqrt{9}=3$(cm)

例 1辺の長さが5cmの立方体の対角線の長さは，$\underline{5\sqrt{3}}$ cm

(3)球の切り口 … 半径 R の球を，中心から d の距離で切った切り口の円の半径 r は，

$$r=\sqrt{R^2-d^2}$$

(4)円錐の高さ … 底面の円の半径が r，母線の長さが ℓ の円錐の高さ h は，

$$h=\sqrt{\ell^2-r^2}$$

例 底面の円の半径が3cm，母線の長さが7cmの円錐の高さは，$\sqrt{7^2-3^2}=\sqrt{40}=2\sqrt{10}$(cm)

(5)角錐の高さ … 正四角錐の高さは，頂点から底面にひいた**垂線の長さ**で，垂線は**底面の正方形の対角線の交点を通る**ことを利用して求める。

入試に出る 実戦例題解法

1 正四角錐の体積

右の図は，辺の長さがどれも 6cm の正四角錐である。この正四角錐の体積を求めなさい。

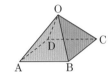

注目　O から底面にひいた**垂線 OH が高さ**になる

右の図より，

$$AH = \frac{1}{2}AC = \frac{1}{2} \times 6\sqrt{2} = 3\sqrt{2} \text{ (cm)}$$

6 : AC = 1 : √2

$$OH = \sqrt{6^2 - (3\sqrt{2})^2} = \sqrt{18} = 3\sqrt{2} \text{ (cm)}$$

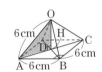

よって，体積は，$\dfrac{1}{3} \times 6^2 \times 3\sqrt{2} = 36\sqrt{2} \text{ (cm}^3)$　答

2 ひもの長さ

右の図のような，1辺の長さが 4cm の立方体がある。点 A から BF，CG を通って点 H までひもをかけるとき，ひもが最も短くなるのは何 cm か求めなさい。

注目　**側面の展開図をかき**，ひもをかけたようすを考える

右のように展開図をかくと，AH が一直線のとき，ひもは最も短くなるので，

$$AH = \sqrt{4^2 + (4+4+4)^2} = \sqrt{160} = 4\sqrt{10} \text{ (cm)}$$　答

48

データの分析

☑ **データの分布の表し方**

(1) **度数分布表** … データをいくつかの**階級**に
分け，階級ごとにその**度数**を示した右の
ような表。

(2) **累積度数**(るいせき) … 最初の階級からその階級まで
の**度数**の合計。

(3) **ヒストグラム** … 度数の分布のようすを表し
た**柱状**のグラフ。

(4) **度数折れ線（度数分布多角形）**
… **ヒストグラム**の各長方形の上の辺の
中点を結んだ折れ線。

(5) **相対度数**

$$相対度数 = \frac{その階級の度数}{度数の合計}$$

(6) **累積相対度数** … 最初の階級からその階
級までの**相対度数**の合計。

通学時間

階級(分)	度数(人)
以上　未満	
10〜15	3
15〜20	7
20〜25	8
25〜30	5
30〜35	2
計	25

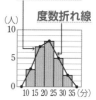

ヒストグラム

度数折れ線

例 右上の度数分布表で，15分以上20分未満の階級の累積度数
は，3+ 7 = 10 (人)

☑ **代表値と範囲**

(1) **代表値** … 平均値・中央値（メジアン）・最頻値(さいひんち)（モード）とい
った，データ全体の特徴(とくちょう)を示す値。

$$平均値 = \frac{（階級値×度数）の合計}{度数の合計}$$

← 階級の中央の値　　←度数分布表から求める場合

(2) **範囲の求め方**(はんい) … **範囲（レンジ）＝最大値－最小値**(あたい)

入試ナビ データや度数分布表，ヒストグラムから，**代表値を求める**だけでなく，**その特徴を説明させる**出題も目立つ。

★★★
★★★
★★

入試に出る 実戦例題解法

☑ 1 度数分布表と相対度数

右の表は，ある中学校の女子50人の50m走の記録をまとめたものである。ア〜ウにあてはまる数を求めなさい。

階級(秒)	度数(人)	相対度数	累積相対度数
以上　未満			
7.0〜7.4	2	0.04	0.04
7.4〜7.8	ア	0.06	0.10
7.8〜8.2	8	0.16	ウ
8.2〜8.6	10	0.20	0.46
8.6〜9.0	13	イ	0.72
9.0〜9.4	9	0.18	0.90
9.4〜9.8	5	0.10	1.00
計	50	1.00	

注目 相対度数 $= \dfrac{その階級の度数}{度数の合計}$

ア…その階級の度数
　　＝相対度数×度数の合計　だから，$0.06 \times 50 = 3$ **答**

イ…$13 \div 50 = 0.26$ **答**

ウ…$0.04 + 0.06 + 0.16 = 0.26$ **答** ← 0.10と0.16と求めてもよい

☑ 2 データの中央値と範囲

下のデータは，ある中学校の生徒8人のハンドボール投げの記録である。記録の中央値と範囲を求めなさい。

18，14，24，26，21，14，23，27（m）

注目 偶数個のデータの中央値 ➡ 中央の2つの値の**平均値**

小さい順に並べると，14，14，18，21，23，24，26，27

データは8個だから，中央値は4番目と5番目の値の平均値になる。よって，中央値は，$\dfrac{21+23}{2} = 22$(m) **答**

最大値27m，最小値14mだから，範囲は，$27 - 14 = 13$(m) **答**

49 四分位数と箱ひげ図

☑ 四分位数

(1)四分位数 … データを小さい順に並べて，中央値を境に前半と後半に分けたとき，前半のデータの中央値を**第1四分位数**，データ全体の中央値を**第2四分位数**，後半のデータの中央値を**第3四分位数**，これらをあわせて**四分位数**という。

(2)四分位範囲 … 第3四分位数と第1四分位数の**差**。

四分位範囲＝第3四分位数－第1四分位数

例 9人の通学時間の四分位数を求める。

$$\boxed{3, \quad 9, \mid 13, \quad 15,} \quad 18, \quad \boxed{20, \quad 20, \mid 22, \quad 27} \text{（分）}$$

第1四分位数　　　　第2四分位数　　　第3四分位数

$\dfrac{9+13}{2}=11$（分）　（中央値）　$\dfrac{20+22}{2}=21$（分）

18（分）

☑ 箱ひげ図

(1)箱ひげ図 … 四分位数を，最小値，最大値とともに図に表したもの。

例 上の9人の通学時間を箱ひげ図に表す。（箱ひげ図に平均値の位置を表すこともある。）

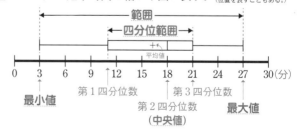

入試
ナビ 箱ひげ図は中央値を基準にした分布のようすがとらえやすい。
ヒストグラムとの関係を押さえておこう。

入試に
出る **実戦例題解法**

下のヒストグラムは，ア～エのどの箱ひげ図と対応してい
るか，答えなさい。

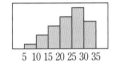

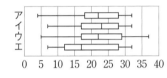

箱ひげ図の，**ひげの両端の値と中央値に着目**

ア～ウは，箱の長さと中央値がほぼ同じ箱ひげ図だが，**ア**
は**最小値**が，**ウ**は**最大値**がヒストグラムと異なる。また，ヒ
ストグラムから，中央値は20より大きい。よって，**イ** 答

右の図は，A，B班(各15人)の生徒の
テストの得点を表したものである。50点
以上の人が多いのはどちらの班ですか。

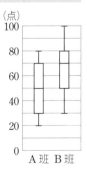

箱には**データ全体の約半数**がふくまれる

A班は中央値が50点なので，50点以上
の人は約半数，B班は第1四分位数が50
点なので，50点以上の人は75％以上。
よって，**B班** 答
└ 箱全体と上位の
　ひげの部分をふくむ

50 確 率

☑ **確率の求め方**

(1)確率の求め方 … 起こりうるすべての場合が n 通りで，その
うち，A の起こる場合が a 通りのとき，

A の起こる確率 p ➡ $p=\dfrac{a}{n}$ ←A の起こる場合の数
←すべての場合の数

例 1枚の硬貨を投げて表の出る確率は，すべての場合が

2通りで，表が出るのは1通りだから，$\dfrac{1}{2}$

☑ **確率の性質**

(1)確率の範囲 … あることがらA の起こる確率を p とすると，

・A の起こる確率の範囲 ➡ $0 \leqq p \leqq 1$

・A が必ず起こるとき ➡ $p=1$

・A がけっして起こらないとき ➡ $p=0$

例 1つのさいころを投げて，

6以下の目が出る確率は，1
— 必ず起こる

7以上の目が出る確率は，0
— けっして起こらない

(2)起こらない確率 … A の起こる確率を p とすると，

A の起こらない確率 $=1-p$ ← p(A の起こる確率)＋A の起こらない確率＝1

例 1つのさいころを投げたとき，1の目が出ない確率は，

$1-\dfrac{1}{6}=\dfrac{5}{6}$
└ 1の目が出る確率

確率の求め方，確率の範囲は確率の基本。確率を求める問題の出題率は毎年高いので，必ず理解しておこう。

入試に出る 実戦例題解法

1 確率の求め方

1つのさいころを投げるとき，出た目の数が10の約数である確率を求めなさい。

注目
$$確率 = \frac{あることがらの起こる場合の数}{すべての場合の数}$$

1つのさいころの目の出方は，6通り。

10の約数は，1，2，5，10で，目の出方は3通り。 ┗ さいころに10の目はない

よって，求める確率は，$\dfrac{3}{6} = \dfrac{1}{2}$ 答

2 確率の性質

1，2，3，4，5のカードから1枚ひくとき，次の確率を求めなさい。

(1) ひいたカードの数字が5以下である確率

(2) ひいたカードの数字が0である確率

(3) ひいたカードの数字が4でない確率

注目 $0 \leqq あることがらの起こる確率 \leqq 1$

(1) どのカードも5以下の数字だから，確率は1 答
   ┗ 必ず起こる

(2) 0のカードはないから，確率は0 答
   ┗ けっして起こらない

(3) $1 - \dfrac{1}{5} = \dfrac{4}{5}$ 答
   ┗ ひいたカードの数字が4である確率

109

51 いろいろな確率の求め方

☑ 並べ方と確率

(1)並べ方と確率 … 樹形図を利用して，場合の数を求める。

> 例 ①，②，③の3枚のカードで2けたの整数を
> つくるとき，できた整数が偶数になる確率。
> 右の樹形図より，できる整数は全部で6通り。
> そのうち偶数は，12，32の2通りだから，
>
> 確率は，$\dfrac{2}{6}=\dfrac{1}{3}$

☑ いろいろな確率

(1)組み合わせと確率 … 表や樹形図を利用して，**同じ組み合わせのものをのぞいて**求める。

> 例 A，B，C，Dの4人の中から2人の当番を
> 選ぶとき，Aが当番に選ばれる確率。
> 右の表より，2人の当番の組み合わせは全部
> で6通り。そのうちAが選ばれるのは3通り
> だから，確率は，$\dfrac{3}{6}=\dfrac{1}{2}$

	A	B	C	D
A		○	○	○
B			○	○
C				○
D				

｛A，B｝と｛B，A｝
などは同じ組み合
わせなので，のぞく

(2) 2つのさいころを同時に投げるときの目の出方

> … $6×6=36$（通り）

> 例 A，Bの2つのさいころを同時に投げて，
> 出た目の数の和が10になる確率は，
>
> $\dfrac{3}{36}=\dfrac{1}{12}$
>
> ─ Aの目の出方が6通り，それぞれに
> ついてBの目の出方も6通りある

A\B	1	2	3	4	5	6
1	2	3	4	5	6	7
2	3	4	5	6	7	8
3	4	5	6	7	8	9
4	5	6	7	8	9	10
5	6	7	8	9	10	11
6	7	8	9	10	11	12

入試
ナビ

場合の数を正確に求めるためには，**樹形図**や**表**を利用すること。さいころや玉を使った問題はよく出題される。

入試に出る 実戦例題解法

☑ 1 並べ方と確率

3枚の硬貨A，B，Cを同時に投げるとき，1枚は裏で2枚は表となる確率を求めなさい。

注目 樹形図を利用して**すべての場合の数**を求める

上の樹形図より，すべての場合の数は8通り。そのうち1枚は裏で2枚は表となるのは，○のついた3通りある。

したがって，確率は，$\dfrac{3}{8}$ **答**

☑ 2 組み合わせと確率

袋の中に，赤玉3個，白玉2個，青玉1個が入っている。この中から同時に2個取り出すとき，2個とも同じ色になる確率を求めなさい。

注目 玉に番号をつけて，**組み合わせを考える**

赤玉を①，②，③，白玉を④，⑤，青玉を⑥とすると，組み合わせは右の表のようになる。よって，確率は，

2個とも同じ色の組み合わせの数 → $\dfrac{4}{15}$ **答**
すべての組み合わせの数 →

52 標本調査

☑ 全数調査と標本調査

(1)全数調査 … ある集団のもつ性質を調べるとき，**その集団 全部**について調査すること。

(2)標本調査 … **集団全体の傾向を推定**するために，集団の **一部分**について調査すること。

例 国勢調査…**全数調査** ← 国民全体について調査
　　視聴率調査…**標本調査** ← 一部の視聴者を調査して全体を推定

(3)母集団と標本 … 標本調査で，調査の対象となる集団全体を**母集団**，調査のために取り出した一部分を**標本**という。また，標本の個数を**標本の大きさ**という。

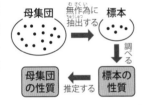

例 ある町の有権者8613人のうち，無作為に抽出した100人に行った世論調査で，母集団は有権者8613人，標本は調査を行った100人である。
　　└ 標本の大きさ　　　　　　　　　　　　　└ 全体

(4)標本調査の利用 … 標本の中の比率から，母集団の中の比率を推定する。

例 袋の中に，白と黒の碁石が合わせて100個入っている。20個の碁石を無作為に抽出したら，黒の碁石は7個あった。このとき，袋の中の黒の碁石の数を x 個とすると，
　　$20 : 7 = 100 : x, \ x = 35$ ← 抽出した碁石の中の黒の碁石の割合は，母集団でもほぼ等しい
　　よって，袋の中の黒の碁石の数は35個と推定できる。

標本調査を利用して母集団を推定する問題は，よく出題される。母集団と標本の関係は必ず理解しておくこと。

入試に出る 実戦例題解法

☑ 1 全数調査と標本調査

標本調査が適切であるものをすべて答えなさい。
ア　学校で行われる視力検査
イ　ある新聞社が行う内閣支持率の調査
ウ　工場で製造した缶詰の中身の品質調査

注目 調査の目的や，現実的に調査が可能かを考える

イとウは**全数**調査が現実的に無理であり，**標本**調査でも調査の目的が達せられる。よって，**イ，ウ** 答

☑ 2 標本調査の利用

箱の中に赤玉がたくさん入っている。この箱に同じ大きさの白玉40個を入れ，よくかき混ぜたあと，30個の玉を無作為に抽出したところ，白玉が5個入っていた。

最初に箱の中に入っていた赤玉の個数は，およそ何個と考えられるか，答えなさい。

注目 標本の中の赤玉の比率は，**母集団の中の赤玉の比率**にほぼ等しい

抽出した30個にふくまれる赤玉と白玉の比率は，

赤：白 $= (30-5):5 = 25:5 = 5:1$

最初に x 個の赤玉が箱の中に入っていたとすると，

$x:40 = 5:1$, $x = 200$

したがって，赤玉の個数はおよそ200個 答

☑ **式と計算**

❶かっこのはずし方

$+(a+b)=a+b$

$+(a-b)=a-b$

$-(a+b)=-a-b$

$-(a-b)=-a+b$

❷分配法則

$a(b+c)=ab+ac$

❸累乗の計算

$-a^2=-(a\times a)$

$(-a)^2=(-a)\times(-a)=a^2$

❹除法 …逆数を使って, **乗法**になおしてから計算する。

❺四則の混じった計算の順序

かっこの中, 累乗→乗除→加減

☑ **平方根** $(a>0, \ b>0)$

❶ a の平方根 … $\sqrt{a}, \ -\sqrt{a}$

❷平方根の大小 … $a<b$ _{ならば} $\longrightarrow$ $\sqrt{a}<\sqrt{b}$

☑ **根号をふくむ式の計算** $(a>0, \ b>0)$

❶乗法 … $\sqrt{a}\times\sqrt{b}=\sqrt{ab}$

❷除法 … $\sqrt{a}\div\sqrt{b}=\sqrt{\dfrac{a}{b}}$

❸加法 … $m\sqrt{a}+n\sqrt{a}=(m+n)\sqrt{a}$

❹減法 … $m\sqrt{a}-n\sqrt{a}=(m-n)\sqrt{a}$

❺根号のついた数の変形 … $\sqrt{a^2 b}=a\sqrt{b}$

❻分母の有理化 … $\dfrac{a}{\sqrt{b}}=\dfrac{a\times\sqrt{b}}{\sqrt{b}\times\sqrt{b}}=\dfrac{a\sqrt{b}}{b}$

☑ **比例式の性質** $a:b=c:d$ ならば $ad=bc$

乗法公式と因数分解の公式

乗法公式

❶ $(x+a)(x+b)=x^2+(a+b)x+ab$

❷ $(x+a)^2=x^2+2ax+a^2$

❸ $(x-a)^2=x^2-2ax+a^2$

❹ $(x+a)(x-a)=x^2-a^2$

因数分解

文字を使った整数の表し方　　（n は整数）

❶ 偶数… $2n$，奇数… $2n+1$（または，$2n-1$），a の倍数… an

❷ 連続する 3 つの整数… $n-1$，n，$n+1$
　（または，n，$n+1$，$n+2$）

❸ 十の位が a，一の位が b の 2 けたの自然数… $10a+b$

数量の関係

❶ 割合… $a\%$ → $\dfrac{a}{100}$（または，$0.01a$），a 割 → $\dfrac{a}{10}$（または，$0.1a$）

❷ 代金＝単価×個数

❸ 速さ＝道のり÷時間
　（道のり＝速さ×時間）
　（時間＝道のり÷速さ）

❹ 平均＝合計÷個数

2 次方程式の解き方

❶ 平方根を利用
　$ax^2=b$ → $x=\pm\sqrt{\dfrac{b}{a}}$，$(x+m)^2=n$ → $x=-m\pm\sqrt{n}$

❷ 因数分解を利用（$AB=0$ ならば，$A=0$ または $B=0$）

　$(x-a)(x-b)=0$ → $x=a$，$x=b$

❸ 解の公式を利用

　$ax^2+bx+c=0$ $(a \neq 0)$ の解は，$x=\dfrac{-b\pm\sqrt{b^2-4ac}}{2a}$

関数，データの活用・確率

☑ **比例**

❶比例の式 … $y = ax$

❷比例の
グラフ
… 原点を
通る直線。

$a<0$ y $a>0$
x
O

☑ **反比例**

❶反比例の式 … $y = \dfrac{a}{x}$

❷反比例の
グラフ
… 双曲線

$a<0$ y $a>0$
x
O

☑ **1次関数**

❶1次関数の式 … $y = ax + b$

❷1次関数 $y = ax + b$ のグラフ
… 傾きが a，切片が b の直線。

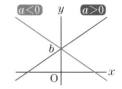

$a<0$ y $a>0$
b
O x

☑ **関数 $y = ax^2$**

❶y が x の2乗に比例する関数の式 … $y = ax^2$

❷関数のグラフ … 原点を通り，y軸について対称な放物線。

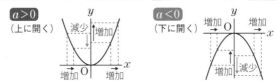

$a>0$
（上に開く）
y
減少 増加
増加 O 増加 x

$a<0$
（下に開く）
増加 y 増加
O x
増加 減少

☑ **変化の割合**

$$変化の割合 = \dfrac{y の増加量}{x の増加量}$$

✓ データの活用

❶**累積度数** … 最初の階級からその階級までの**度数**の合計。

❷**累積相対度数** … 最初の階級からその階級までの**相対度数**の合計。

❸**相対度数**

$$= \frac{その階級の度数}{度数の合計}$$

❹**平均値**(度数分布表から求める場合)

$$= \frac{(階級値×度数)の合計}{度数の合計}$$

✓ 四分位数と箱ひげ図

❶**四分位数** … データを小さい順に並べて4等分したときの, 3つの区切りの値。小さいほうから, **第1四分位数**, **第2四分位数(中央値)**, **第3四分位数**という。

❷**箱ひげ図**

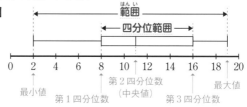

✓ 確率

❶**Aの起こる確率** $p = \dfrac{a}{n}$

❷**確率pの範囲** $0 \leqq p \leqq 1$

(a…Aの起こる場合の数, n…すべての場合の数)

❸**Aの起こらない確率** $= 1 - p$

✓ 標本調査

❶**全数調査** … 調査の対象となる集団(母集団)のすべてのものについて調査すること。例 国勢調査, 学校の健康診断など

❷**標本調査** … 集団全体の傾向を推定するために, 集団の一部分(標本)について調査すること。例 世論調査, 視聴率調査など

平面図形の性質

☑ **基本の作図**

❶垂線

❷垂直二等分線

線分 AB の**中点**

❸角の二等分線

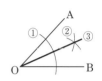

☑ **対頂角の性質**

$∠a = ∠c$

$∠b = ∠d$

☑ **平行線と角**

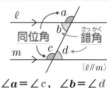

同位角　錯角

($ℓ//m$)

$∠a = ∠c$,　$∠b = ∠d$

☑ **三角形の内角と外角**

$∠a + ∠b + ∠c = 180°$

$∠d = ∠a + ∠b$

☑ **多角形の内角と外角**

❶ n 角形の内角の和

　… $180° × (n - 2)$

❷多角形の外角の和

　… $360°$

☑ **正 n 角形の内角と外角**

❶ 1 つの内角 … $\dfrac{180° × (n - 2)}{n}$

❷ 1 つの外角 … $\dfrac{360°}{n}$

☑ 三角形の合同条件

❶ **3組の辺**がそれぞれ等しい。

❷ **2組の辺**と**その間の角**がそれぞれ等しい。

❸ **1組の辺**とその**両端の角**がそれぞれ等しい。

☑ 直角三角形の合同条件

❶**斜辺**と **1つの鋭角**がそれぞれ等しい。

❷**斜辺**と他の **1辺**がそれぞれ等しい。

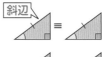

☑ 二等辺三角形

❶ **2つの底角**は等しい。

❷ **頂角**の**二等分線**は，底辺を**垂直**に **2等分**する。

❸ 二等辺三角形になるための条件

2つの角が等しい三角形は，二等辺三角形である。（定理）

☑ 平行四辺形になるための条件

❶ **2組の対辺**がそれぞれ**平行**である。（定義）

❷ **2組の対辺**がそれぞれ**等しい**。

❸ **2組の対角**がそれぞれ**等しい**。

❹ **対角線**がそれぞれの**中点**で交わる。

❺ **1組の対辺**が**平行**で，その長さが**等しい**。

図形の計量, 円

☑ **平面図形の面積**

❶ 三角形の面積

$= \dfrac{1}{2} \times 底辺 \times 高さ$

❷ 平行四辺形の面積

$= 底辺 \times 高さ$

❸ 台形の面積

$= \dfrac{1}{2} \times (上底 + 下底) \times 高さ$

❹ ひし形の面積

$= \dfrac{1}{2} \times 対角線 \times 対角線$

☑ **おうぎ形の弧の長さと面積**　　（半径 r, 中心角 $a°$）

❶ 弧の長さ $\ell = 2\pi r \times \dfrac{a}{360}$

❷ 面積 $S = \pi r^2 \times \dfrac{a}{360}$,　$S = \dfrac{1}{2} \ell r$

☑ **立体の体積**

❶ 角柱・円柱の体積

$V = Sh$

❷ 角錐・円錐の体積

$V = \dfrac{1}{3} Sh$

（底面積 S, 高さ h, 体積 V）

☑ **立体の表面積**

❶ 角柱・円柱の表面積

$= 側面積 + 底面積 \times 2$

❷ 角錐・円錐の表面積

$= 側面積 + 底面積$

☑ **球の体積・表面積**　　（半径 r, 体積 V, 表面積 S）

❶ 球の体積

$V = \dfrac{4}{3} \pi r^3$

❷ 球の表面積

$S = 4\pi r^2$

円の接線

❶円の接線

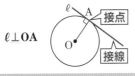

$\ell \perp OA$

❷円の接線の長さ

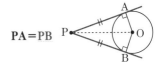

$PA = PB$

円周角の定理

❶円周角の定理

$$\angle APB = \angle AQB = \frac{1}{2}\angle AOB$$

半円の弧に対する**円周角**は90°

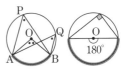

❷円周角と弧

$\overset{\frown}{AB} = \overset{\frown}{CD}$ならば，$\angle APB = \angle CQD$

❸円周角の定理の逆

$\angle APB = \angle AQB$ ならば，4点 A，B，P，Q は1つの円周上にある。

平行線と面積

❶平行線と面積

$\ell \parallel AB$ のとき

$$\triangle APB = \triangle AQB$$

❷三角形の底辺の比と面積比

$$\triangle ABC : \triangle ACD = BC : CD$$

相似，三平方の定理

☐ **三角形の相似条件**

❶ 3組の辺の比がすべて等しい。

❷ 2組の辺の比が等しく，
その間の角が等しい。

❸ 2組の角がそれぞれ等しい。

☐ **平行線と線分の比**

❶三角形と比

DE∥BC のとき，

AD : AB＝AE : AC＝DE : BC

AD : DB＝AE : EC

❷平行線と線分の比

ℓ∥m∥n のとき，

AB : BC＝A′B′ : B′C′

☐ **中点連結定理**

△ABC で，**AM＝MB，AN＝NC** のとき，

MN∥BC，MN＝$\frac{1}{2}$BC

☐ **相似な図形の計量**

相似比が $m : n$ のとき，相似な図形の**面積比** … $m^2 : n^2$

相似な立体の**体積比** … $m^3 : n^3$

☑ 三平方の定理

$$a^2+b^2=c^2$$

☑ 特別な直角三角形の辺の比

☑ 三平方の定理と平面図形

❶長方形の対角線 ℓ

$$\ell=\sqrt{a^2+b^2}$$

❷三角形の高さ AH

$$AH=\sqrt{AB^2-BH^2}$$

❸座標平面上の 2 点 $(x_1,\ y_1)$, $(x_2,\ y_2)$間の距離 d

$$d=\sqrt{(x_2-x_1)^2+(y_2-y_1)^2}$$

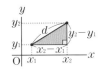

☑ 三平方の定理と空間図形

❶直方体の対角線 ℓ

$$\ell=\sqrt{a^2+b^2+c^2}$$

❷角錐の高さ AO

A から底面にひいた
垂線 AO

$$AO=\sqrt{AB^2-BO^2}$$

❸円錐の高さ h

$$h=\sqrt{\ell^2-r^2}$$

さくいん

読者アンケートのお願い

本書に関するアンケートにご協力ください。
右のコードか URL からアクセスし、
以下のアンケート番号を入力してご回答ください。
ご協力いただいた方の中から抽選で
「図書カードネットギフト」を進呈いたします。

Webページ https://ieben.gakken.jp/qr/derunavi/

･････････････････････････････････････ アンケート番号 305602

中学3年分の一問一答が無料で解けるアプリ

以下のURLまたは二次元コードからアクセスしてください。
https://gakken-ep.jp/extra/smartphone-mondaishu/
※サービスは予告なく終了する場合があります。

高校入試 出るナビ　数学　改訂版

本文デザイン　シン デザイン

編集協力　　　株式会社 アポロ企画

本文イラスト　たむらかずみ

図　版　　　　株式会社 明昌堂

DTP　　　　　株式会社 明昌堂　データ管理コード:24-2031-1575(2021)